U0253897

重庆文理学院学术专著出版资助

浮萍重要基因筛选及药效成分合成通路研究

黄孟军　唐小龙　姜玉松　著

北　京
冶金工业出版社
2024

内 容 提 要

　　本书针对浮萍优势品种——少根紫萍（Landoltia punctata）开展研究，对其淀粉含量、黄酮类药用资源进行分离分析，采用转录组、蛋白组技术对不同生长条件下少根紫萍开展比较研究，探究其基因内在特点，并对涉及逆境响应、合成调控、代谢途径解析中的重要基因进行深入分析，为基因组学技术在活性成分合成的应用上探明路径，亦为少根紫萍这一优势物种的资源化利用提供参考。

　　本书可供天然药物化学、生物化学与分子生物学等相关专业的技术人员阅读，也可供生物质能源领域的科研人员参考。

图书在版编目（CIP）数据

　　浮萍重要基因筛选及药效成分合成通路研究／黄孟军，唐小龙，姜玉松著. —北京：冶金工业出版社，2024.6
　　ISBN 978-7-5024-9862-6

　　Ⅰ.①浮…　Ⅱ.①黄…　②唐…　③姜…　Ⅲ.①浮萍科—系统生物学—研究　Ⅳ.①Q949.71

　　中国国家版本馆 CIP 数据核字（2024）第 088351 号

浮萍重要基因筛选及药效成分合成通路研究

出版发行	冶金工业出版社	电　话	（010）64027926
地　址	北京市东城区嵩祝院北巷 39 号	邮　编	100009
网　址	www.mip1953.com	电子信箱	service@ mip1953.com

责任编辑　夏小雪　美术编辑　吕欣童　版式设计　郑小利
责任校对　王永欣　责任印制　禹　蕊
三河市双峰印刷装订有限公司印刷
2024 年 6 月第 1 版，2024 年 6 月第 1 次印刷
710mm×1000mm　1/16；10.5 印张；180 千字；158 页
定价 88.00 元

投稿电话　（010）64027932　投稿信箱　tougao@cnmip.com.cn
营销中心电话　（010）64044283
冶金工业出版社天猫旗舰店　yjgycbs.tmall.com
（本书如有印装质量问题，本社营销中心负责退换）

前　言

浮萍，归属于被子植物门单子叶植物纲泽泻目天南星科，包括5属，共37种。其干燥全草入药，有宣散风热、透疹、利尿之功效，临床上常用于麻疹不透、风疹瘙痒、水肿尿少等病症。其中，少根紫萍属（Landoltia）为国内优质品种，其叶状体表面呈绿色，背面紫色，几叶状体膜质，狭倒卵形或长圆形，3~5脉，长4~6 mm、宽1.5~2.5 mm，根3~5条，较长。少根紫萍有非常高的生物量生产速率，是目前世界上生长速度最快的高等植物之一。因其具有快速生长、药效成分丰富的特点，以营养生殖-单克隆繁殖为主，因此只需要很小的实验室空间和易于无菌培养，使之成为研究植物化学和植物细胞工厂非常合适的材料，可能被开发为潜在模式物种。

作者团队长期以药用资源开发与利用为研究对象，利用多组学手段、分子生物学等技术在水生植物生物质与药用资源利用领域开展研究。针对少根紫萍（Landoltia punctata）开展研究，分离分析黄酮、多糖、蛋白质、花青素等重要药效成分，有效进行药用资源开发与利用。采用目前先进的多组学手段，如高通量测序、同位素标记的定量蛋白质组等生物信息学技术对少根紫萍进行研究，深入分析少根紫萍黄酮、淀粉、维生素、叶绿素、木质素积累的特征，分析不同条件下其含量的差异，借助多组学对比进行功能基因转录及表达差异分析，获得其转录因子特征，挖掘涉及合成调控、逆境响应的重要基因，同时结合分子生物学已建立遗传转化体系，解析其基因功能、基因互作调控代谢通路机理。

　　本书为科学工作者研究天然产物资源和生物质高效利用提供了便利的手段，也为生物质的资源化利用拓宽思路，具备技术上的先进性与药用实践的实用性。

　　本书由重庆文理学院黄盂军、唐小龙和姜玉松共同撰写。本书在撰写过程中，参考了相关文献资料，在此向文献作者表示衷心的感谢。

　　由于作者水平所限，书中不妥之处在所难免，敬请广大读者批评指正。

作　者

2024 年 1 月

目　　录

1 浮萍植物的研究利用现状及前景

近年来，随着现代经济的发展对能源和药物的需求不断增加，相关资源的开发与利用正受到广泛关注。当前，在经济飞速发展的同时，我国大气环境问题日益突出，区域性大气污染形势日益严峻，特别是最近全国大范围内发生的雾霾现象，很大部分原因是使用不清洁的化石燃料。因此，寻找替代的持续性清洁能源迫在眉睫，而生物质能源（biomass energy）可作为其中的重要选择之一。国务院于 2013 年印发了《大气污染防治行动计划》，关于能源结构调整方面对生物质能源的需求越来越迫切。该计划中明确提出加快调整能源结构，增加清洁能源供应，其中包括积极有序发展水电，开发利用地热能、风能、太阳能、生物质能等，安全高效发展核电，将非化石能源消费比重提高到 13%。之后，国务院办公厅也印发了《能源发展战略行动计划（2014—2020 年）》，明确了这 5 年我国能源发展的总体目标、方针和任务，部署了能源发展方向，提出要坚持煤基替代、生物质替代和交通替代并举的方针，科学发展石油替代。到 2020 年，形成石油替代能力 4000 万吨以上。在生物质替代方面，加强先进生物质能技术攻关和示范，重点发展新一代非粮燃料乙醇和生物柴油，相关创新方向包括：生物燃料、天然气水合物、大容量储能、氢能与燃料电池、能源基础材料、太阳能发电等。这项计划是我国能源发展的行动纲领，对生物能源发展而言也是一个很好的契机。来源于生物质的生物燃料，作为生物能源的代表，具有清洁及可再生性等广阔的前景，已经得到了全世界的广泛关注。其中，生物乙醇是生物燃料的重要组成部分，是石油基燃料最理想的替代物。作为液体燃料，它能很好地适应现有的燃机系统，特别是在运输行业，能很好地替代化石燃料。因此，生物乙醇长期以来是全世界科学家、政府及企业家主要关注的对象。

早期第一代生物乙醇的生产主要来自于陆生作物，如美国以玉米、巴西以甘蔗和我国以甘薯木薯等为原料。传统的陆生作物生长会占用宝贵的土地资源，容易与粮食或饲料作物争地，引起粮食安全和短缺的危机。在种植过程中，施肥及植物的变化对环境也会有不可预估的影响；和传统农业相比，其产量、土地利用率和经济价值计算等没有明显的优势。因此，研究转向了第二代生物乙醇。木质纤维素原料作为第二代燃料乙醇的原料，尽管来源广泛，但由于其前处理技术复杂、生产工艺不完善、生产成本高及工业化生产的时间不确定性等诸多因素，其开发应用也受到了许多限制。因此，开发新型的低成本淀粉基燃料乙醇原料具有非常重要的意义。

浮萍，作为很小的漂浮水生植物，具有很多传统能源作物无法比拟的优势。其生长不占用额外耕地，开发基于浮萍为原料的生物燃料生产具有"不与人争粮，不与粮争地"的优势。浮萍生存环境适应性强，它具有广泛的适应性，能适应广泛的地理和气候区域，而且生长期长，在许多温带至热带地区均可全年生长。浮萍生长速度惊人，在自然条件下 2 天或更少的时间即可翻倍，比其他潜在的能源植物具有更快的生物质积累速率。在标准化的培养条件下，浮萍的这种高产量还具有非常好的重复性。浮萍快速生物质生产的这些特性，在实际大规模生产中具有非常重要的意义。相比之下，浮萍比传统的生产燃料乙醇的原料具有很大优势，近年来正成为科学界研究的热点和工业界关注的焦点，成为备受青睐的提供生物能源的最有潜力的作物之一。

1.1 浮萍植物简介

浮萍亚科（*Lemnoideae subfamily*），通常被称为浮萍（*duckweed*），早期属于浮萍科（*Lemnaceae*），最近被分类学家归属于被子植物门单子叶植物纲泽泻目天南星科。其包括 5 属，其中有 *Spirodela*，*Landoltia*，*Lemna*，*Wolffiella* 和 *Wolffia*（见图 1-1），共 37 种水生单子叶植物，广泛存在于大部分大陆的湖泊、池塘和咸水水体中，详细种属列表见表 1-1。我国自然分布有 4 个属（除 *Wolffiella*），共有 9 个种，包括 *Spirodela polyrhiza*，*Landoltia punctata*，*Lemna trisulca*，*Lemna turionifera*，*Lemna japonica*，*Lemna minor*，*Lemna aequinoctialis*，*Lemna minuta*，*Wolffia globosa*。

浮萍植物形态高度退化，整个植株完全退化为一个呈圆形或椭圆形的叶状体，组成部分只有叶状体或叶状体和根，其光合器官为叶状体。浮萍属于最小的开花植物，其种子也很小，但其花期是非常罕见的。因此，浮萍主要的增殖模式是营养生殖，其叶原基会生长发育，长出母本植株的生殖袋，从而长出子代。当

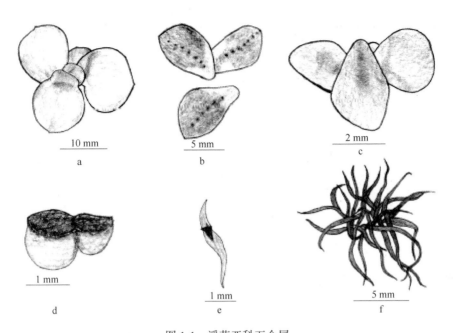

图 1-1　浮萍亚科五个属

a—多根紫萍属；b—少根紫萍属；c—绿萍属；d—芜萍属；e, f—扁平无根萍属

子代叶状体从母本生殖袋中长出的过程中，也已经或多或少地含有发育好为准备生殖下一代叶状体的叶原基，这种生殖方式构成浮萍具有指数增长率和快速生物质生产等迷人的"浮萍秘密"基础。

表 1-1　目前已经识别的浮萍亚科植物的分类

亚科	属	部分	种
Lemnoideae（浮萍亚科）共 37 种	*Spirodela* Schleid（多根紫萍属）共 2 种		*S. intermedia* W. Koch
			S. polyrhiza（L.）Schleid
	Landoltia Les & Crawford（少根紫萍属）共 1 种		*L. punctata*（G. Meyer）Les & Crawford
	Lemna L.（绿萍属）共 13 种	*Lemna*	*L. disperma* Hegelmaier
			L. ecuadoriensis Landolt
			L. gibba L.
			L. japonica Landolt
			L. minor L.

亚科	属	部分	种
Lemnoideae（浮萍亚科）共 37 种	*Lemna* L.（绿萍属）共 13 种	*Lemna*	*L. obscura*（Austin）Daubs
			L. turionifera Landolt
		Hydrophylla Dumortier	*L. trisulca* L.
		Alatae Hegelm.	*L. aequinoctialis* Welwitsch
			L. perpusilla Torrey
		Biforms Landolt	*L. tenera* Kurz
		Uninerves Hegelm.	*L. minuta* C. S. Kunth
			L. valdiviana Philippi
	Wolffiella（扁平无根萍属）共 10 种	*Stipitatae*	*W. hyalina*（Delile）Monod
			W. repanda（Hegelm.）Monod
		Rotunda	*W. rotunda* Landolt
		Wolffiella	*W. caudata* Landolt
			W. denticulata（Hegelm.）Hegelmaier
			W. gladiata（Hegelm.）Hegelmaier
			W. lingulata（Hegelm.）Hegelmaier
			W. neotropica Landolt
			W. oblonga（Phil.）Hegelmaier
			W. welwitschii（Hegelm.）Monod
	Wolffia Horkel ex Schleid（芜萍属）共 11 种	*Pseudorrhizae* Landolt	*W. microscopica*（Griff.）Kurz
		Unassigned	*W. australiana*（Bentham）Hartog &Plas
		Pigmentatae Landolt	*W. borealis*（Engelm.）Landolt ex Landolt & Wildi
			W. brasiliensis Weddell
		Wolffia	*W. arrhiza*（L.）Horkel ex Wimmer
			W. angusta Landolt
			W. elongata Landolt
			W. columbiana Karsten
			W. cylindracea Hegelmaier
			W. globosa（Roxb.）Hartog & Plas
			W. neglecta Landolt

多根紫萍属（*Spirodela*）叶状体背面为紫色，倒卵状圆形，长 4~11 mm 单

生或 2~5 个簇生，扁平，深绿色，具掌状脉 5~11 条，下面着生 5~11 条细根，
故俗称多根紫萍。花单性，雌花 1 个与雄花 2 个同生于袋状的佛焰苞内；雄花，
花药 2 室；雌花子房 1 室，具 2 个直立胚珠。果实圆形，有翅缘，花期 6~7 月。
S. polyrhhiza 在全球均有分布，*S. intermedia* 为 Landolt 教授 1997 年发现的新种，
叶状体大小与前者相近，只是表面有隆起，主要分布于南美洲。

少根紫萍属（*Landoltia*）是最新从 *Spirodela* 属中分离出来的，为了纪念
Landolt 教授在浮萍生物学上的巨大贡献而以此命名。该属只有一种 *L. punctata*，
其叶状体表面呈绿色，背面紫色，几叶状体膜质，狭倒卵形或长圆形，3~5 脉，
长 4~6 mm，宽 1.5~2.5 mm，根 3~5 条，较长。

绿萍属（*Lemna*）一共有 13 种，其叶状体扁平，两面绿色，具 1~5 脉；根 1
条，无维管束。叶状体基部两侧具囊，囊内生营养芽和花芽。营养芽萌发后，新
的叶状体通常会脱离母体，也有数代不脱离的。花单性，雌雄同株，佛焰苞膜
质，每花序有 2 个雄花，1 个雌花，雄蕊花丝细，花药 2 室，子房 1 室，胚珠 1~
6 个，直立或弯生；果实卵形，1 粒种子，具肋突。

芜萍属（*Wolffia*）特征最为明显，植物体细小如沙，呈颗粒状，叶状体在
1 mm 以下，通体绿色，无根。叶状体具 1 个侧囊，从中孕育新的叶状体，通常
背面强烈凸起，单 1 个或 2 个相连。花生长于叶状体上面的囊内，无佛焰苞；花
序含 1 个雄花和 1 个雌花，花药无柄，1 室；花柱短，子房具 1 个直立胚珠；果
实圆球形，光滑。该属共约 11 种，分布于热带和亚热带，我国有 1 种。

扁平无根萍属（*Wolffiella*）共 10 种，其叶状体比绿萍的叶状体更小，扁而
弯曲，无根，主要分布在南美洲与非洲。

早期的分类系统将浮萍科分为天南星目下的一个科，而近期的分类系统则将
浮萍科并入到天南星科内而成为浮萍亚科，同时将天南星科分类为泽泻目下的一
个科。浮萍的分类结构如图 1-2 所示。

浮萍主要生活在静止的或缓慢流动的水面上，适应性强，在全球广泛分布，
主要分布在亚热带和热带地区，可全年性生长；能在极端恶劣的环境中生存，分
布在除南极以外所有地区，甚至北极也有发现。浮萍一般在 15 ℃ 以上可正常生
长，其最适生长温度在 25~30 ℃，有的品种可耐短暂 40 ℃ 高温，有的品种在
5 ℃ 时也可正常生长。在低温、低光照或低营养等不适宜生长的条件时，多根紫
萍的一些品种能产生一种具有再生能力的具鳞根出条休眠体结构（turion）沉入
水中，待环境适合生长时再萌发生长。浮萍可生长在宽范围的水体中，在 pH 值

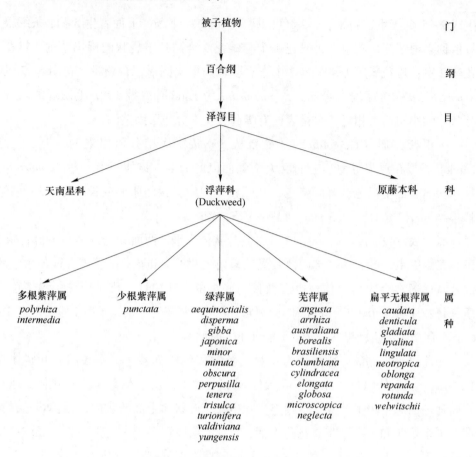

图 1-2　浮萍亚科分类结构和起源

3~10 均可生长，其最适 pH 值范围在 5.5~7.5。

　　浮萍含水率、成分与物种及其生长条件密切相关。印万芬的研究发现，新鲜浮萍含水率一般在 87%~97%。进而对浮萍成分分析显示，其粗蛋白占 1.6%、脂肪含量占 0.9%、粗纤维含量占 0.7%、无氮浸出物占 2.7%、灰分占 1.3%。浮萍物种、生长水源及地理位置的不同，其含水率、淀粉含量、蛋白含量、脂肪含量、灰分、纤维素和矿物含量也不相同。

　　浮萍具有非常高的生物量生产速率，是目前世界上生长速度最快的高等植物之一。浮萍主要通过无性克隆方式进行繁殖，由叶状体背面的出芽点产生新的叶状体个体，从而繁殖后代。每个植株在生命周期内能产生 10~20 个新的植物体，在最佳生长条件下，约 16 h 到 2 d 可使生物量翻倍。在理想的状态下，浮萍还可以像微生物一样进行指数型生长。Oron 曾报道浮萍生长速率可达到干重 12 g/

$(m^2 \cdot d)$，经推算全年干物质产量可达 55 $t/(ha \cdot a)$。在世界各地如以色列、埃及和俄罗斯等，人们对浮萍均进行过大规模的种植。不同的生长条件下，浮萍的产量有差异，一般每公顷水面年产干物质可达 $30 \sim 51$ t。在我国的自然环境条件下，每公顷水面的干物质年产量可达到 30 t。而根据联合国粮食及农业组织（2008）公布的数据，相比之下玉米产量仅为 4.9 $t/(ha \cdot a)$，甘蔗产量为 65 $t/(ha \cdot a)$、木薯产量为 12 $t/(ha \cdot a)$。浮萍还有一个最大的优势就是淀粉含量高。据报道，在优化的生长条件下，浮萍淀粉含量可高达干重的 75%。多根紫萍品种形成的 turion 休眠体淀粉含量也较高，能达到干重的 60%，淀粉为其能量储存物质，当生长环境较好时提供能量进行发芽重生。

浮萍可快速吸收水中的氮、磷等元素产生大量生物质，其中含有可发酵生产乙醇的淀粉、可溶性糖、纤维素等成分。浮萍由于高光效，依靠光合作用利用太阳能固定二氧化碳转变为化学能而储存起来，能利用太阳能和 CO_2 作为唯一的能量和碳源，是一种潜在的生物乙醇原料。许多研究已经表明，伴随着浮萍淀粉糖化和发酵得到的葡萄糖，其生物质已经用于生产乙醇。可见，浮萍将会是一种生产燃料乙醇的潜在淀粉质原料。

正如浮萍研究领域最著名的科学家 Elias Landolt 曾经写道："在过去的六十年来，浮萍变得越来越重要，它是研究植物生理和植物化学非常合适的材料。浮萍的许多优势如下：快速生长，以营养生殖-单克隆繁殖为主，只需要很小的实验室空间和易于无菌培养。此外，浮萍由于产量高及高蛋白含量作为食物资源也引起广泛关注。再者，浮萍也被用作多目标测试物及废水中营养和矿物质去除。最近三十年来，有关浮萍的文献也呈指数式增长。Hillman 在其关于浮萍描述和实验文献的综述中引用了 250 篇文献，最近有关浮萍方面的参考文献超过 3000篇"。Web of Sciences 在综述性期刊上引用了超过 3000 篇有关浮萍的论义，这些数据很明显地表明，浮萍的这些特性正前所未有地引起全世界科学团体的更多关注和研究。

1.2 浮萍的研究概况

1.2.1 污水处理

浮萍由于具有非常高的生物质生产速率，可快速吸收氮、磷等多种矿物元素并转化为自身物质，还可耐受多种生长条件等很多优势，是污水处理应用领域非常好的材料。浮萍通常很适应富营养水体，可以在城市污水或工业废水中良好生长。基于浮萍池塘系统开发的生态污水处理技术具有很早的开发历史，开始于20世纪70年代。浮萍污水处理系统在国外开发应用较早，现今在许多国家均有应用。浮萍处理系统也已被美国环保局列为污水处理的替代技术之一。在欧美等发达国家，它与传统氧化塘处理系统一样，主要是用于小城镇和偏远地区的污水处理。例如在美国，已建立了超过20个这样的系统用于偏远城镇地区或度假地的污水处理。还有一些污水处理公司专门致力于浮萍污水处理系统相关的污水处理工艺与和浮萍打捞设备研究，开发出了一系列产品，如稳定浮萍生长的筐、打捞收获浮萍的机械设备，并申请了专利保护。在一些发展中国家，由于考虑到活性污泥法等传统污水处理技术昂贵的投资与运行费用，也很乐意选用花费少、技术简单、运行成本低的浮萍生态处理技术；而且利用浮萍处理系统具有回收生物质资源的潜力，和凤眼莲、睡莲等其他漂浮植物相比较，由于浮萍在耐受条件、打捞收获、资源加工利用等方面的优势正逐渐受到重视，被越来越多地应用，逐渐形成以其为主的处理系统。

和传统氧化塘相比，浮萍成长在这些废水水体中，通过其快速地生长、同化氮和磷酸盐生成生物质，从而清洁富营养化水体。世界银行、美国的非政府组织PRISM和孟加拉国的农业部在孟加拉国的 Mirzapur 地区，合作建立一个利用浮萍处理生活污水的中试处理系统。研究发现，收获其去除氮、磷的速率分别为 0.26 $g/(m^2 \cdot d)$ 和 0.05 $g/(m^2 \cdot d)$，占整个系统去除率的 60%~80%。种云霄等人对不同 N、P 形式和 pH 值等水环境条件对浮萍生长和 N、P 去除效果的影响进行了分析，还进行了培养管理、体内超微结构变化方面的研究。作者所在课题组也在云南省昆明市对浮萍污水处理系统进行了长期的中试研究，研究发现浮萍系统的总氮（T.N）去除率为 0.4 $g/(m^2 \cdot d)$，总磷（T.P）去除率为 0.090 $g/(m^2 \cdot d)$。Culley 等人的研究显示，浮萍以磷酸盐的形式吸收磷，其吸收磷的能力取决于水环境中磷酸盐总量以及浮萍的生长状态、生长率和收获周期等因素，其研究结果显示浮萍系统对磷去除效果较好，去除率为14%~99%。

在水体中氮主要以 NH_4^+-N 和 NO_3-N 两种形式存在，磷主要以磷酸盐的形式存在。研究发现，浮萍对 NH_4^+-N 的利用效率要高于 NO_3-N，利用 NH_4^+-N 的浮萍生长情况和有机氮积累都具有明显的优势。浮萍对铵态氮的亲和力大于对硝态氮的亲和力，证实了浮萍"优先吸收净化铵态氮"的观点。这是由于利用 NH_4^+-N

合成氨基酸和蛋白质的能量消耗较低，所以浮萍会选择优先吸收 NH_4^+-N，只有当水环境中 NH_4^+-N 含量较低时，才会吸收其他形式的 NO_3^--N。研究还发现，浮萍吸收硝态氮的最大速率大于吸收铵态氮的最大速率。浮萍吸收铵态氮、硝态氮及无机磷的吸收动力学特性基本可用 Michaelis-Menten 方程来描述。浮萍植物体内的氮磷含量也较高，明显高于凤眼莲、睡莲和芦苇等其他水生植物，这也使得在污水中生长的浮萍可以大量带走 N、P。此外，浮萍处理塘水面大量浮萍垫层的存在可以遮光抑制藻类大量生长，其隔氧等效应防止水质腐败、蚊子等的孳生和异味的挥发。

利用浮萍构建湿地系统处理人畜初级污水等多个方向也有很多的研究报道。美国北卡州立大学的 Cheng 教授进行浮萍处理猪场污水的研究，选择地理隔离株系为猪场废水（swine wastewater）处理筛选最适品种，培养 12 天，每 2 天收获一次检测了浮萍生物量、营养成分、TKN、TP、NP 消耗、NH_3-N、正磷酸盐、TOC、K、Cu、Zn、鲜重、干重、蛋白含量等，以分析浮萍对废水营养的利用、产生有效生物量以及用于动物饲料的可行性。Cheng 教授等人还建立猪场废水浮萍二级处理 N 去除模型，分析了浮萍在处理猪场废水过程中对 N、P 去除模式，浮萍体内 N、P 元素累积的变化，探讨了浮萍种群密度对生长率和营养去除效果等方面的影响。猪场废水一般氨氮浓度较高，为寻找有效处理猪场废水等高氨氮废水，课题组也对采集自 48 个国家和地区的 520 株浮萍品种进行了系统地筛选。在 pH 值为 6.6、400 mg/L 条件的氨氮浓度废水中进行初次筛选，初筛获得 23 株存活浮萍品种；进而在 250 mg/L 氨氮浓度下进行复筛，并对获得的品种进行了游离氨耐受性及 SOD 酶活进行测定；结果显示复筛获得的 XJ3（L. punctata）和 D0045（S. polyrhiza）可耐受游离氨浓度分别高达 1.31 mg/L 和 0.80 mg/L。在 250 mg/L 氨氮胁迫环境下，SOD 酶活性变化幅度较小，说明其相对于其他品种具有较强的氨氮胁迫耐受性。验证性实验中，浮萍可在 pH 值为 4、800 mg/L 条件下的氨氮废水中存活。因此，筛选获得的 XJ3、D0045 两株优势浮萍植株可实现高氨氮废水中氮元素的有效转化，对于净化高氨氮废水具有较大潜力。

有机污染物、化妆品和药品等的污染也受到广泛关注。哈尔滨工业大学的时文歆等人采用静态试验、动态吸附试验和连续流试验，比较研究了菌藻塘和浮萍塘中 17α-炔雌醇（EE2）的降解与吸附特性；结果显示接种的浮萍和藻类提高了废水中 EE2 的去除率，菌藻塘和浮萍塘仍能有效地将其从废水中去除。其中，浮萍所吸附效果非常明显，在持续 180 min 的动态吸附试验中分别有 80% 和 25% 的 EE2 被浮萍和藻类吸附。

1.2.2 浮萍作为饲料及食物

浮萍由于具有分布广泛、生长速度快、营养成分好和蛋白含量高等优点，使得其生物质非常有价值作为动物饲料或人类食物。浮萍蛋白含量高达 35% 以上，接近豆粕的水平，浮萍叶子甚至含有高达 64% 的蛋白质。浮萍的蛋白产量高，其生产力是大豆的 10 倍以上，而且浮萍蛋白的氨基酸模式非常理想，必需氨基酸赖氨酸含量很高，明显优于玉米和高粱等植物，与大豆饼很接近。浮萍具有高蛋白含量和可选择性的生长条件等优势，且只含有少量的纤维，并且基本不含难以消化的木质素，可以被动物高效利用，这使得浮萍成为可以替代大豆饼的饲料蛋白质源，因此是极具潜力的新型饲料原料。另外一个重要的因素是，在浮萍培育过程中不需要给浮萍植物施加化学肥料，这在很大程度上避免了经济和生态成本的上涨。有了这些吸引人的特点，浮萍有望成为一种新型的农业平台，可以补充目前的地面作物，是圈养动物和鱼的潜在的高蛋白饲料资源。

浮萍的英文名是 duckweed，顾名思义，就是鸭子喜欢的食物。几千年来，浮萍一直是鸭子等习水禽类动物的主要食物。干燥后的浮萍蛋白质质量比苜蓿要好，并且在 5% 水平上可以完全取代苜蓿充当饲料。Islam 等人做了大量有关浮萍对鸭子生长的影响，表明在肉鸭饲料上完全可以用浮萍替代大豆蛋白，肉鸭的增产量和肉质达到较大提高。在饲喂肉鸡方面，Moyo 等人用浮萍替代大豆饼作为饲料蛋白质源喂养仔鸡进行对比研究，结果表明浮萍与大豆饼对泰坦肉用仔鸡的生长作用基本无差别，饲喂含 15% 浮萍的肉用仔鸡体质量增加最大。但需要注意的是，在饲料配比中，浮萍所占比例不宜过高，通常不宜超过 25%，浮萍在饲料中占比太大会导致肉鸡生长速率下降。Haustein 等人研究也发现用浮萍喂养的母鸡，其产蛋速率与其他高蛋白饲料喂养的母鸡几乎差别不大，甚至更高。

浮萍用作鱼类的饲料也有很多的研究。罗非鱼、草鱼、鲤鱼、鲢鱼和遮目鱼等多种鱼类可以浮萍为食，特别是芜萍属浮萍，颗粒较小，蛋白含量高，易消化，特别适用于鱼苗的食物。浮萍被饲喂给鱼类以补充饮食，主要是提供一种高生物价值的蛋白质。通过喂食浮萍，鱼产量可以从每公顷年产几百千克显著增至 10 t/(ha·a)。Bairagi 也对发酵和未发酵的浮萍 Lemna 叶粉作为鱼饲料进行了研究，结果发现鱼饲料中加入占比 30% 发酵后浮萍叶粉得到南亚野鲮鱼种的性能最佳，而未发酵的生浮萍粉末只能在饲料中添加10%。通过成分分析后发现，发酵后浮萍叶粉中纤维含量从11.0%降低至7.5%，抗营养因子单宁含量从1.0%降低至0.02%，植酸含量从1.23%降低至0.09%。相反地，发酵后浮萍叶粉中可利用的还原糖、游离氨基酸和脂肪酸含量却显著增加。孟加拉国在世界银行和一个世界性的私人农业组织的支持下投资开发了一个浮萍-鱼塘项目，当地农民可以依靠养殖浮萍作为饲料致富。其中，一个池塘单独养殖浮萍，另一个同样大小池塘专门养鱼，将第一个池塘收获的浮萍直接放进第二个池塘作为鱼饲料，只用浮萍做饲料的条件下，鱼塘产量在 $10\ t/(ha \cdot a)$ 的水平，通过生态鱼的销售获得了大量的经济收入。

同时，芜萍（*Wolffia globosa*（*Roxb.*）*Hartog & Plas*）是东南亚地区的一种传统食物。在孟加拉国、越南、泰国、缅甸、老挝和我国云南地区，被称为水中鸡蛋，可见芜萍的高蛋白含量可与鸡蛋媲美，并且当地人常以其为食。芜萍蛋白含量丰富，可达干重的近40%，而且富含较多的必需氨基酸；另外，浮萍也提供大量的维生素、矿物质和微量元素等，可以作为人类的潜在植物蛋白来源，已将芜萍做成蘸酱、松饼、三明治和甜点等可口的食物及调味品。但是，需要注意的是食用浮萍必须保证养殖水源的安全性，种植在干净的水体中，食用前充分洗净。

1.2.3 药用

浮萍作为一种传统中药，被药典记录在案，并较早地被人们使用，具有发汗、祛风、行水、清热、解毒，治疗时行热病，斑疹不透，风热瘾疹，皮肤瘙痒，水肿，癃闭，疮癣，丹毒，烫伤等功效。《本草纲目》也曾记载："浮萍，其性轻浮，入肺经，达皮肤，所以能发扬邪汗也"。以浮萍配伍制成的方剂制剂有：浮萍丸、浮萍散、浮萍银翘汤、顽癣浮萍丸、治皮肤风热瘾疹方等。

浮萍的药理作用如下：

（1）对心血管的作用。浮萍水浸膏对奎宁引起衰竭的蛙心有强心作用，钙可增强之，大剂量使心脏停止于舒张期，并能收缩血管使血压上升。

（2）解热作用。浮萍煎剂及浸剂 $2\ g/kg$，经口给予因注射伤寒混合疫苗而发热的家兔，证明有微弱的解热作用。

（3）抗菌作用。浮萍抗菌、抗疟实验显示，在实验室及现场对库蚊幼虫及蚊蛹有杀灭作用。

　　浮萍的药理作用与其成分密切相关。少根紫萍由于含醋酸钾、氯化钾及碘、溴等物质，因此具有很好的利尿作用。现代研究发现，浮萍含有如木犀草素、芹菜素、木犀草素-7-O-葡萄糖苷，芹菜素-7-O-葡萄糖苷等大量的黄酮类物质，因而具有较好的抑菌效果。木犀草素和芹菜素类黄酮化合物由于具有潜在的抗氧化活性，也可能是浮萍最主要的有效化合物。

　　尽管浮萍在中药领域具有广泛的应用，但其化学成分特别复杂。据报道，除上述成分外，浮萍还含有多量维生素 B1、B2、C 等水溶性维生素，其多糖是 D-洋芫荽糖的丰富来源。浮萍尚含树脂、蜡质、甾类、叶绿素、糖、蛋白质、黏液质、鞣质等，组成成分还需要进一步的分析研究。浮萍的质量控制报道较少，也需要开展关于浮萍品种间的遗传进化、品种鉴定、种质资源的保护和利用方面的研究。Qiao 等人通过 HPLC/MS 对多根紫萍的黄酮类成分进行了分析，并构建了黄酮的指纹图谱，开发了定量 HPLC/UV 方法同时测定五种黄酮类化合物，可以较好地对多根紫萍进行质量控制。

1.2.4　生物反应器

　　随着常规的微生物反应器和动物细胞反应器的发展，植物生物反应器也得到了广泛的关注。将浮萍培养系统作为生物反应器具有很多的优势，例如：（1）实验室无菌培养的浮萍，以无性克隆进行繁殖，没有种属间的基因交流干扰，保证了培养材料可长期稳定遗传；（2）浮萍生长速度快，生物量平均每 2 d 时就可翻倍，可以大大缩短生产周期；（3）浮萍系统表达的重组蛋白含量高，BIOLEX 曾报道，在 50 L 体系中，纯化前实际效价可达 12 mg/L，还可以优化浮萍培养体系提高蛋白分泌；（4）浮萍表达的重组蛋白直接分泌到无菌培养液中，而浮萍培养液成分简单，仅含有水和无机盐（可以利用 CO_2 作为唯一碳源），使得表达蛋白的分离纯化步骤简单；（5）表达产物易于糖基化，增加了效力；（6）培养成本相对较低，一般动物细胞生物反应器的生产成本高达 300～10000 USD/g，而植物表达系统的成本低于 50 USD/g；（7）此外，浮萍培养系统不像动物细胞培养系统，动物病毒不能繁殖。目前，许多动物细胞培养体系生产的重组蛋白，病源安全性的检测和致病源的去除在生产过程是非常重要的环节。而浮萍培养系统在终产物中能够提供一个高水平的病源安全性。因此，在很大程度上减去了表达产物的复杂检测及致病源的清除过程，还可以降低该检测过程的生产成本。从上面这些优势可以看出，浮萍作为生物反应器具有非常大的开发应用前景。

　　浮萍生物反应器用于表达重组蛋白，最早由北卡州立大学的 Anne-Marie Stomp 教授研发。2004 年，Stomp 教授用 Lemna 系统成功表达了具有生物活性的多肽。随后，BIOLEX 公司在此基础上开发了 SYNLEX 技术在浮萍中表达生产高质量的药用蛋白，并申请了专利保护。SYNLEX 技术是一种利用绿萍培养系统（Lemna minor）米表达药用蛋白，已经证实了这种表达平台有能力表达一种常规技术难以制备的、多聚糖工程化的单克隆抗体，可广泛应用于生物制剂、疫苗和兽医药物的生产，这些成果进一步推动了科学家们对浮萍表达系统更加深入的研究。2007 年，Cox 等人首次对浮萍叶绿体的遗传转化进行了开创性的研究，并对浮萍叶绿体的遗传转化方法申请专利保护。同年，Stomp 也报道了用基因枪法转化浮萍表达蛋白，同时通过农杆菌介导的遗传转化在 L. punctata 中得以稳定地遗传，并高效地表达外源蛋白，如抑肽酶蛋白的表达产物占植物可溶性蛋白的 3.7%，检测到培养液中目的蛋白的浓度为 0.65 mg/L。浮萍基因改造的许多技术已经申请了专利，相关详细信息也可以在专利文献中查阅得到。

　　随着遗传转化方法的不断完善以及对浮萍组织培养和转化体系的不断摸索，已经有多个浮萍品种建立了再生体系和转化体系。到目前为止，浮萍科中至少有 7 个品系已成功建立了再生体系，包括 *Lemna gibba G3*、*Lemna minor*（8627 和 8744）、*Lemna perpusilla 6746*、*Wolffia columbiana*、*Landoltia punctata Hegelm SP*、*Landoltia punctata 8717* 和 *Lemna gibba var. Hur-feish*，其中包括 *Wolffia columbiana*、*Lemna gibba*（G3）、*Lemna minor*（8627 和 8744）和 *Landoltia punctata* 等 5 个品系成功建立了转化体系。

　　目前商业化利用方面，已经有两种浮萍成功开发为生物反应器，分别是 BIOLEX 公司用绿萍 *Lemna minor* 建立的表达系统（简写为 LEX SystemTM）和用少根紫萍 *Landoltia punctata* 建立的表达系统（简写为 Lemna GeneTM SA）。自 2004 年 LEX System 系统建立以来，BIOLEX 公司在此系统上成功地表达了包括小多肽、Fab 片段、单克隆抗体（mAbs）、α-干扰素（IFN）、人生长素（hGH）、重组的人类血纤维蛋白溶酶 BLX-30、BLX-15 和多聚蛋白酶等至少 35 种蛋白。其中，干扰素和人生长素等已经成功地从绿萍生长培养基中得到分离纯化。至少 50% 的干扰素和人生长素分泌到无菌生长培养基中，纯化前效价可高达 609 mg/L。两种蛋白的生物活性与其他商业来源的活性相当，而高效分泌重组蛋白至灭菌的无机培养基中没必要病毒灭活处理，在下游纯化过程中体现了巨大的成本优势。

另外，Lemna GeneTM 系统也成功地将外源导入的抗原、药物和工业用酶的编码基因实现了表达，获得了疫苗、药用因子和食品添加剂等。其中，几株有价值的转基因浮萍正在生产，其表达产物的含量占干重的 35%～50%，可以以干粉形式做成胶囊或药片，也可以直接饲喂动物。

1.2.5　环境检测评估

浮萍作为植物毒性检测具有较早的研究，目前应用的主要有十几个品种，其中 *Lemna. gibba* 和 *Lemna. minor* 是主要的检测品种。检测的各种指标主要包括：浮萍叶片数、覆盖面积、湿重、干重、叶绿素含量、MDA、SOD、POD、CAT、游离氨基酸、可溶性糖、总凯氏氮等相关指标。

和其他生物系统相比，浮萍生物系统具有很多优点：如生长速度快，培养操作简单，培养时间短，大大缩短了筛选周期；浮萍容易培养，pH 值生长范围宽，适用于大范围的废水种类。浮萍在液相介质生长，极易吸收溶解于水中的化合物，而且其表皮渗透、传导等受外界因素的影响较小，使试验结果重现性好，易于解析；浮萍主要漂浮于水面，便于取样和观察，可以很方便地同时研究不同环境对叶片和根系的影响；浮萍是高等植物，能够揭示更多的有价值信息。

Wang 等人在浮萍的毒性检测方面做过很多工作，并详述了 *Lemna* 和 *Spirodela* 用于水生环境毒性检测的各方面技术细节和比较分析。Radic 等人对浮萍作为水质的敏感指示物也做了研究，主要通过测定浮萍生长参数、色素含量，过氧化物酶活性、脂质过氧化和碱性彗星试验等指标来检测水环境对浮萍植物的毒性和遗传毒性的影响；进行超过 3 个月监测，定期在 Sava 河（克罗地亚）及其支流的三个采样点收集水样，结果发现从三个收集地表水引起了浮萍样品生长率、叶绿素、类胡萝卜素含量和过氧化物酶的活性降低。同时，当浮萍暴露于工业废水样品中时，膜脂质（通过丙二醛含量估计），特别是 DNA（通过尾长度力矩估算）受到的损害明显增加。因此，通过选定的浮萍标志物能预测复杂的水混合物对生物体的植物和遗传毒性作用的能力。

环境中重金属的存在会影响浮萍生长。Nasu 等人研究了 *Lemna* 作为重金属污染的指示物，并建立了基于 Bonner-Devirian's 培养基培养浮萍的植物计量法来检测环境重金属污染。Teisseire 等人通过研究发现谷胱甘肽和抗坏血酸能构成毒性的早期指标，因此提出浮萍的抗氧化剂含量可作为监测水质的环境污染物毒性潜在的生物标志物。在实验室条件下研究了浮萍 *Lemna minor* 暴露于铜、敌草隆和灭菌丹 48 h 后谷胱甘肽和抗坏血酸含量的变化,敌草隆和灭菌丹造成谷胱甘肽水平增加,其氧化还原状态保持不变,而铜导致这种抗氧化剂的消耗,并增加其氧化速率。灭菌丹和重金属增加了抗坏血酸含量,敌草隆消耗了抗坏血酸,其氧化还原状态保持不变。因为这是一个适应胁迫和防御的过程,抗氧化物的增加被提议作为暴露于不安全环境中的生物标志物。

抗生素在环境中的残留可能会诱导耐药性细菌的产生、对非靶生物产生毒害作用和对水产品消费者造成健康威胁等,目前浮萍对抗生素的检测评估引起学界的广泛关注。在英格兰北部的泰恩河中检测到了红霉素等 7 种药物的残留,其浓度范围在 4~2370 ng/L。越南湄公河三角洲地带检出了甲氧苄啶和脱水红霉素等抗生素,浓度在 7~360 ng/L 之间。最近科研人员发现,在我国主要河流的海河、长江入海口、黄浦江、珠江、辽河等的部分点位中都检出了抗生素,而且含量惊人。其中,珠江广州段受到抗生素药物的污染非常严重,脱水红霉素、磺胺嘧啶、磺胺二甲基嘧啶等典型抗生素的含量分别为 460 ng/L、209 ng/L 和 184 ng/L,远远高出了欧美发达国家 100 ng/L 以下的含量。中国科学院的专家对珠江口水产养殖区的抗生素污染也进行了研究,检测结果显示沉积物中抗生素检出率比在水体中要高,在水中检出 2 类 3 种(诺氟沙星、氧氟沙星和四环素)抗生素残留,平均浓度分别在 7.63~59.00 ng/L 之间;在沉积物中检出 3 类 5 种(诺氟沙星、氧氟沙星、恩诺沙星、四环素和脱水红霉素),平均浓度为 0.97~85.25 ng/g。Singh 对印度北部城区废水的非甾体内抗炎药、抗癫痫和抗微生物等 6 类残留进行了分析,并对浮萍、细菌、藻类、水蚤、轮虫和鱼等进行生物分析,基于风险技术计算进行风险评估及生态方面的影响。Cascone 等人也对浮萍 Lemna minor 关于氟甲喹的耐受性及指示作用进行了评估。

1.2.6 重金属吸附

随着工业进程的加快,经济和生活水平的快速发展,含有大量重金属的工业废水和固体废弃物渗滤液等直接或间接地排入水体,使我国面临着严峻的水资源污染,导致水资源可利用性降低、水生态系统退化。重金属污染的去除方法受到人们的日益关注,也是目前研究的热点。植物修复技术作为一种操作方法简便、运行成本低、更为环保,在重金属水体修复中而受到人们青睐。水生植物不管是存活的或者死亡的均对重金属有富集作用。水生植物浮萍是一个非常有前景的生物修复材料，对重金属的吸附也逐渐受到研究者的关注。

Mishra 等人研究了浮萍（*S. polyrhiza*）对低浓度（小于 1 mg/L）重金属的吸收，结果发现浮萍对铜和锌的去除效率最好，达 90% 以上，其次是铁和铬，达到 80% 以上，而对镉的去除率仅 63%；进而分析了浮萍体内各种金属浓度，其浓度分别为 0.19 mg/g、0.78 mg/g、9.08 mg/g、0.08 mg/g 和 0.065 mg/g。山东大学的王强研究了浮萍（*Lemna minor L.*）对 Pb^{2+}、Cu^{2+} 和 Mn^{2+} 的吸附特征，结果显示浮萍对铅的吸附在 0.5 h 达到吸附平衡，对铜和锰的吸附在 3 h 达到平衡，去除率分别为 98%、72% 和 87%。浮萍对重金属吸附是多线性吸附过程，其中最符合准二级动力学模式，证实浮萍能快速吸收水中的重金属离子，是一种非常好的生物吸附剂。韦星任等人也在不同浓度的 Cu、Cd、Zn、Pb 等 4 种重金属污染水环境中研究了浮萍生长情况及色素含量变化，结果表明，在不同浓度的 4 种重金属单一污染条件下浮萍的耐受浓度不同，其上限分别是 1 mg/L、4 mg/L、5 mg/L 和 10 mg/L；且在耐受浓度下浮萍生长受到胁迫，其色素含量随浓度的增高而下降。浮萍对 Pb、Zn 的去除效果显示，浮萍在低浓度 Pb、Zn 污染环境中可以正常生长并对其有较高的去除效果；在 15 d 的周期里，浮萍可以将环境中的 Pb 去除 80%，Zn 的去除率也达到了 55%。

浮萍干粉由于细胞壁上的羟基、羧基、磺酸基和氨基等活性基团可以与金属离子相互作用，因此对重金属也有很好的吸附能力。Miretzky 等人研究了两个品种浮萍干粉（*Spirodela intermedia*，*Lemna minor*）对 Cd^{2+}、Pb^{2+}、Ni^{2+}、Cu^{2+} 和 Zn^{2+} 的吸收效果，结果发现在 1.3 h 内两种浮萍对 10 mg/L 的铅和镉去除率均在 90% 以上，但 *Lemna minor* 的效果更好。课题组也做了大量浮萍干粉（*Lemna aequinoctialis*）吸收重金属相关的实验，主要包括浮萍对 Pb^{2+} 的吸附效果、浮萍吸附 Pb^{2+} 的主要影响因素；利用吸附动力学方程和等温吸附方程对实验数据进行了拟合，并采用红外光谱分析仪研究了吸附前后吸附剂表面的化学基团变化。其结果表明，浮萍对铅镉的吸附效果良好，但溶液初始 pH 值、Pb^{2+} 初始浓度和吸附剂颗粒大小对吸附效果具有显著的影响，似乎浮萍中含有的糖类中羟基及酰胺中氨基等基团在参与 Pb^{2+} 化学吸附中发挥了很大作用，其吸附行为符合准二级动力学方程。利用生物信息学的技术手段，基于大数据本书也分析了浮萍重金属相关的转运蛋白和转录因子相关的基因表达。通过转录组注释文件发现与金属转运相关的转录本数量多达几百条，其中直接与重金属转运蛋白相关的转录本也多达几十条。相关基因的表达分析对于从分子水平上深入研究浮萍富集重金属，对于揭示超富集植物吸附重金属的分子机制具有非常重要的意义。

1.3 浮萍在生物能源领域的研究

众所周知，单一地依赖石油及其他化石能源具有不可持续性，其引起的环境污染问题也不容小视，而从可再生资源中合成生物燃料将是很好的解决方案。传统的生产燃料乙醇的能源资源包括玉米、甘蔗和木薯等，生产生物柴油来自椰子、棕榈和油菜籽等植物油；而它们也是重要的食物来源，大量应用将会导致食品短缺。浮萍作为非粮作物，在全世界广泛分布，是世界上最小和最简单的开花植物。与传统能源资源相比，浮萍具有适应性广、生长快、生产周期长等特点。浮萍生长繁殖速度快，2~3 天可繁殖一代，研究表明浮萍是生长速度最快的开花植物之一，其快速的生长可以确保短时间内大量生物质供应，保证生物燃料的生产。Oron 的研究发现，在热带地区，浮萍的干重产量可达 12 g/($m^2 \cdot$ d)，据此推算每公顷水面干物质产量可达 55 t/a。另外，浮萍首先可以在污水中快速生长，在处理污水的同时吸收水中的氮磷等，伴随着大量 CO_2 的固定，产生大量的生物质，而且比藻类或其他水生生物质更容易收获；其次，浮萍很容易破碎，在前处理过程中只需要很少的能量。此外，浮萍来源的生物燃料被认为是绿色燃料，因为燃料燃烧只释放 CO_2，释放的 CO_2 又可以被植物生长利用。浮萍组分析发现，其含有丰富的纤维素和果胶，而木质素含量很低。因此，浮萍不但适合用于污水处理，产生的生物质由于高淀粉、低木质素等特性，也非常适合生物燃料生产。从上述综合特性可以看出，浮萍具有巨大的能源作物潜力，是一种经济的、可持续的生产生物燃料的植物资源。

1.3.1 生物醇类

浮萍由于能快速实现高淀粉积累，在生物燃料生产方面具有巨大的潜力。据文献报道，浮萍在最适条件下可积累淀粉达干重的 75%，木质素含量较低，低于4%，而淀粉是生产生物醇类的主要原料之一，而且该生产技术十分成熟，早已工业化应用，发酵产生的生物醇经简单处理即可用于车用燃油的替代品。在能源和环境方面，生物醇类的应用都有重要的意义。

目前，淀粉富集植物浮萍的生物质已经被成功地转化为乙醇、丁醇和高级醇类。Cheng 等人最早报道了浮萍富含淀粉，多根紫萍可积累淀粉含量达到干重的45.8%，其可以作为新型淀粉基原料用于生产生物燃料乙醇，发酵最终乙醇得率达到浮萍干重的 25.8%。随后，印度、中国和捷克的研究者也成功将浮萍转化为乙醇或丁醇。实验室的研究人员也相继利用浮萍（*Landoltia punctata*）发酵得到了乙醇和丁醇，乙醇和丁醇浓度分别可达 30.8 g/L 和 9.31 g/L。

浮萍中淀粉和其他碳水化合物转化为乙醇主要涉及糖化和发酵两个过程。糖化是通过酶催化，将淀粉和其他碳水化合物转变成可发酵的糖（以葡萄糖为主）；发酵是用酵母或细菌发酵生产乙醇。为了提高浮萍生物质乙醇产量，很多学者对不同的酶水解或糖化过程进行了研究，以增加糖的释放。Zhao 等人研究了在无热预处理条件下，评估了几种商业细胞壁降解酶和纤维素酶混合物对各种糖类从浮萍（*Lemna minor*）细胞壁的释放效果，结果发现纤维素酶和 β 葡萄糖苷酶的效果最好，8 h 可以释放出水醇不溶性残留物中 85% 以上的总糖和 90% 以上的葡萄糖，这一研究结果为今后浮萍生物醇类发酵的完全利用提供了技术参考。Xu 等人使用 α 淀粉酶、支链淀粉酶和淀粉葡萄糖苷酶水解浮萍淀粉，还原糖回收率较高，达到了理论值的 96.8%（绝大多数的淀粉均转化为还原糖）。虽然利用纤维素酶糖化浮萍细胞壁非常有效，但这些酶非常昂贵。为了提高糖化效率，课题组的研究人员也使用果胶酶优化了浮萍发酵体系，果胶酶被用来从浮萍（*L. punctata*）发酵醪中释放葡萄糖，葡萄糖产量达到干物质 218.6 mg/(g·干重)和未处理发酵醪相比提高了 142%。可见，浮萍是一种潜在的淀粉质燃料乙醇原料。

特别是，Su 等人也对少根紫萍（*L. punctata*）发酵生成高级醇进行了研究，并对梭状芽胞杆菌、酵母突变株和大肠杆菌生物工程菌的发酵效率进行了比较分析。通过梭状芽胞杆菌转换，浮萍不但可以转化为传统的燃料乙醇，而且可以生成高能量的高级醇。通过酸水解浮萍后发酵得到的丁醇和总溶剂浓度为 12.03 g/L 和 20.03 g/L，而通过酶水解浮萍发酵得到的浓度分别为 12.33 g/L 和 20.05 g/L，最终得到的乙醇和异戊醇浓度分别为 24.06 g/L 和 680.36 mg/L，远远高于酵母突变株的发酵产量；酸水解后的浮萍经过大肠杆菌生物工程菌的转化产率分别为 16.27 mg/L 丁醇、24.68 mg/L 异戊醇及 195.85 mg/L 戊醇。该结果表明，浮萍是生产高级醇非常好的原料，进一步推动了浮萍生物燃料生产的工业化应用。

1.3.2 沼气

有机废弃物，特别是动物粪便，通过厌氧降解转化为沼气已经有多年的研究，添加常用的生物质和低利用率的废弃物可大幅提高厌氧消化池的沼气产量。浮萍作为一种常见的水生植物，广泛生长在池塘、农田和湖泊等水体中，可以利用农业和生活废水快速生长。因此，浮萍是一种广泛易得的生物质，很容易添加到农场规模的厌氧消化池进行沼气生产。浮萍被作为沼气发酵的一种底物也具有很早的报道。20世纪80年代以来，浮萍广泛用作生物污水处理的植物之一，大量收获的生物质作为一种副产品，被研究用作堆肥或者沼气加以资源化利用。和其他用作厌氧消化的水生植物如水葫芦、水花生等相比，浮萍具有体型小，易收获，无须粉碎预处理等明显的优势。但是，由于在富营养条件下，浮萍的蛋白含量相对较高，单独厌氧消化比较困难，通常它是和其他底物混合发酵生产沼气。

Clark等人混合了家禽粪便和铁富集的新鲜浮萍在实验室规模的厌氧消化池进行批处理和半连续操作，结果发现1 g浮萍干粉生成大约150 mL沼气，向消化池中添加浮萍可以将沼气生产速率提高约44%。Triscari等人采用向厌氧消化池的牛粪中添加浮萍进行沼气生产，使得浮萍干物质在混合废弃物中具有五种不同的浓度，结果表明添加0.5%~2.0%浮萍显著增强牛粪浆的甲烷和总沼气产量。但是，当浮萍添加量大于2%时，甲烷和总沼气产量并没有进一步增加。Huang等人研究了带隔板的推流式厌氧反应器对浮萍与猪粪的混合物（干重比1：1，湿重比7：1）、对照猪粪进行了50 d的中温厌氧消化产气性能比较；结果表明混合物的COD转化率为63.2%，VS产气率为0.31 L/g，反应器容积产气率为1.00 m³/(m³·d)，均分别比对照的COD转化率57.1%、VS产气率0.28 L/g、反应器容积产气率0.71 m³/(m³·d)要高。这表明猪粪中添加浮萍可以显著提高沼气产量，猪粪浮萍混合物有较好的厌氧消化能力，且厌氧消化性能更优。

1.3.3 热化学降解生产生物燃料

由于浮萍具有分布广泛、生物质积累速度快、易于收获和能快速去除水体中的 N、P 等营养元素诸多优点，有不少研究者从高温裂解方面来研究浮萍作为一种新型能源植物。浮萍经过高温裂解后，可以快速生产生物油如汽油、柴油、航空燃油等裂解气和生物焦炭，产物种类丰富，可应用于能源化工等多种行业。

在 2008 年，Xiu 等人首先报道了将北卡州立大学农场人工湿地采集的浮萍通过热化学液化过程而转变成生物燃料。Muradov 等人研究了绿萍（*Lemna minor*）的快速热解及裂解产物表征，在 500 ℃ 下，浮萍产物可生产约 45% 生物焦炭、40% 的裂解油、15% 的裂解气。研究还发现，热解温度对生物油产品影响较小，但对获得单个热解产物的相对量产生主要影响作用。同时，热解蒸气的停留时间对浮萍裂解产物的产量和组成只有轻微的影响。Campanella 等人比较了浮萍、藻类和松木的裂解产物中生物油的 N、O 含量及酸值，发现浮萍的裂解产物热值比其他两者要低，并分析出浮萍的化学组成是主要原因。Xiu 等人研究表明，浮萍在 340 ℃ 下裂解 60 min，在不添加任何催化剂情况下，生物油产率可达 30%，其热值达到 34 MJ/kg，是未处理浮萍干物质热值（16.24 MJ/kg）的 2 倍左右。Baliban 等人研究了通过使用合成气中间体在基于热化学的超晶格结构中将浮萍生物质气化以生产汽油、柴油、煤油等，对提出的合成方法框架采用四个案例进行了研究证实，并对浮萍裂解液化后产物的再加工成汽油、柴油和航空燃料的过程和成本收益进行核算，表明浮萍在 50 USD/t 的收购价格水平，当原油升至 105 USD/bbL 时，浮萍的裂解液化产品有价格竞争优势。

同样地，对生物质原料采用水作为反应介质，通过水热液化制取生物原油也是一种行之有效的热化学转化方法。与传统快速热解液化技术相比，水热液化法还具有很多优势，如不需要对原料进行烘干预处理，操作条件相对温和，对设备要求相对较低，易于实现工业化，且液化生成的生物原油含氧量低、热值高等。国内的 Duan 等人也研究了将绿萍（*Lemna*）通过水热液化制取生物油原油，并考察了亚临界水体反应条件中处理参数如反应环境（H_2 和 CO）、温度、时间和催化剂（Pt/C-硫化物）添加量对处理油的产量和质量的影响，指出温度和催化剂添加对浮萍裂解影响最大，不添加任何催化剂的效果最好，研究表明浮萍水热液化制取的生物油原油可以在亚临界水体中有效升级。

1.4   浮萍作为能源植物的关键

就上述浮萍能源化方式而言，沼气生产和生物质裂解液化仅利用了浮萍生长快速的特性，并没有将浮萍与其他快速生长的水生植物如水葫芦或陆生植物如柳枝稷、速生杨等相比的优势体现出来。以生物醇类生产用途来利用浮萍，对浮萍的生物质质量有较高的要求。浮萍作为淀粉质原料来生产生物醇，需要较高的淀粉含量，较低的淀粉含量会使最终的生物醇浓度低，生产成本高，利用价值小。然而，自然状态下浮萍生物质质量难以控制，成分变化很大。浮萍的淀粉含量变化较大，最低可至 3%，最高可达 75%。与用途相匹配的优良而稳定的生物质质量对浮萍的利用意义重大，因此需要人工控制浮萍的生长，特别是控制浮萍的淀粉积累，使其能发挥最大的作用。通过开展分子生物学和生物信息学等现代新技术研究，可以解析浮萍快速生长和高淀粉积累，还可对浮萍进化、抗逆性和环境适应等相关机制进行全新的认识。正因如此，美国能源部已经资助对多根紫萍（*Spirodela polyrrhiza*）进行了核基因组测序。

1.4.1 浮萍的生长调节及高淀粉积累

浮萍作为生物能源作物的基础在于它的快速生长和高淀粉积累能力，很多环境因素都可以影响浮萍的生长和淀粉积累，包括光照、温度、培养液 pH 值、营养条件、种植密度和激素处理等几个方面。可见，通过干预浮萍的生长发育阶段或调节浮萍生长环境的因子，可以促进浮萍淀粉含量的大幅度提高。

光照对浮萍的光合效率和淀粉积累影响较大，选择恰当的光照强度、光质和光照时间等可实现浮萍生物质和淀粉快速积累。淀粉作为光合作用固定的最终碳水化合物，与植物光合效率密不可分。这不仅在于淀粉合成途径中 AGPase 催化限速反应的底物之一 ATP 来自光合作用，而且还因为有活性 AGPase 酶的形成需要光合电子传递链中硫氧还蛋白（thioredoxin，Trx）和 NADP 依赖的硫氧还蛋白还原酶（NADP-dependent thioredoxin reductase C，NTRC）的协同作用，才能完成蛋白翻译后修饰，成为有活性的还原型 AGPase。Aziz 等人观测到，在强光下浮萍的叶状体厚度和产量都超过了弱光下的浮萍。Wedge 等人又发现，*Lemna minor* 和 *Landoltia punctata* 的光饱和点在 600 μmol/(m² · s) 左右，光照太强也不利于浮萍生长，超过 1200 μmol/(m² · s) 后开始出现光抑制现象。光质方面，浮萍和其他绿色植物一样，一般来说在低光照下，和白光或其他单色光相比，红光对植物的生长促进作用更大。在高光照时，与叶绿素的吸收峰重叠越多的光质对生长的促进效果最好。而紫外光对浮萍的生长有负面影响，高强度的紫外线对浮萍有刺激作用，同时会损害浮萍组织，促进过氧化氢酶（CAT）活性提高，使得植株叶片变黄，生长速率下降。罗定泽等人研究发现，在短日照下，浮萍成对数生长状态，但比起连续光照的增殖速率较低，也会引起过氧化物酶活性和抗坏血酸含量水平增高。光照时间长短也会影响浮萍的开花反应，引起分生组织中叶状体原基诱导向花原基诱导的转变，会导致叶状体生长速率的下降。Cui 等人发现光周期的变长，将光周期从 8 h 增加到 16 h 后，浮萍淀粉含量也从 8.3% 增加到 12.2%。

浮萍生长的温度范围很广，其最适的温度范围在 25~30 ℃，在此范围内，高温对浮萍生长有促进作用。Aziz 等人曾报道在 30 ℃时，少根紫萍生长最旺盛，具有最短繁殖周期和最高产量。温度过高时，不利于浮萍生长，开始变黄，光合作用减弱，营养去除效率降低。有的浮萍品种可以在 5 ℃水温下生长，但是温度进一步降低时，浮萍则停止生长；有的浮萍在低温不利于生长的环境下可形成 turion 休眠体结构或较重叶状体沉入水底避寒，待春天气候温和利于生长时再重新发芽，浮于水面。也就是说，在非赤道地区，严冬和盛夏时节，浮萍的生长速率会有所下降。如 Cui 等人研究表明，低温、营养饥饿和高光照强度能显著促进浮萍淀粉的积累。在 1.75 mol/(m^2·d) 日照强度下，当温度从 25 ℃降低到 5 ℃培养时，在含有 20 mg/L 铵离子培养液中的浮萍培养 4 d 后，淀粉含量增加了 67.5%；培养 6 d 后，浮萍淀粉含量从 7% 增加到 15%。

浮萍生长的最佳 pH 值在 5~7 范围内。Landolt 等人研究表明，多根紫萍不能在 pH 值低于 4 的情况下生长，而少根紫萍却能基本正常生长。Simmons 等人认为，浮萍的最适 pH 值在 5~6 之间。在高氨氮情况下，稍低的 pH 值使铵离子更少地解离为游离氨，更加利于浮萍生长[124]。

水体中的氮磷浓度等营养条件对浮萍的生长及淀粉积累影响较大。Lasfar 等人研究表明，在 pH 值为 7 左右时，浮萍在氨氮浓度大于 5 ppm（5×10^{-4}%）时即可达到最大生长速率，而氨氮浓度超过 60 ppm（6×10^{-3}%）会对浮萍产生毒害作用，抑制生长，这一结果与 Bitcover 的研究结果相近。在水体中，更多的 N 源是以硝氮形式存在，而浮萍在 20 ppm（2×10^{-4}%）硝氮浓度时就能满足生长需要，而过多的硝氮对浮萍生长无抑制作用，浮萍会将进入体内的多余硝氮储存在液泡中，保持细胞液渗透压平衡而不会对细胞造成伤害。沈根祥等人发现，浮萍（S. oligorrhiza）对铵态氮的亲和力大于对硝态氮的亲和力，证实了浮萍"优先吸收铵态氮"的观点。研究还发现，浮萍吸收硝态氮的最大速率大于吸收铵态氮的最大速率。从不同形态氮的试验结果，构建了 Michaelis-Menten 方程来描述浮萍吸收铵态氮和硝态氮的动力学特性。Xu 等人利用营养饥饿的方式培养浮萍（*S. polyrrhiza*），8 d 后淀粉含量从 18% 左右升到 29.8%，并且在前 4 d 时添加 10~30 mmol/L 的 NaCl 可以显著提高浮萍淀粉含量；但是 8 d 后，添加氯化钠的效果并不是特别好。值得一提的是，此实验中浮萍生物质总量在 10 d 后也增加了 80% 左右。另外，培养在养猪场废水中的 *Lemna minor*，经过黑暗和营养饥饿及葡萄糖的给予，淀粉的积累量可以达到总生物量的 10%~36%。

种植密度对浮萍生长影响较大，一般认为，每平方米浮萍鲜重在 200~800 g 时，生长速度达到最大范围。浮萍在水面的覆盖率越低，其生长越旺盛。较高的覆盖率会对浮萍生长起到抑制作用，覆盖率较高会影响浮萍的繁殖和下层浮萍的光合作用，还会反射阳光，降低水体温度。Frederic 等人研究表明，绿萍（*Lemna minor*）覆盖率在 750 g 鲜重/m² 时的生长速率最大。因此，由于存在一个最适生长密度，为了不使浮萍覆盖率太大，需要根据浮萍的生长状况对浮萍进行定期收获，保证剩余浮萍在合适的覆盖密度范围内，可以根据种植密度，确认收获周期。Anh 等人的研究结果显示，每 2 d 收获一次，浮萍的产量最大。当然，浮萍收获周期可以根据其生长状况随时调整，夏天或营养状况好可以稍频繁，冬天或营养状况不太好周期可以长一些。

外源性激素如 6-BA、激动素和脱落酸处理也会调节浮萍生长和淀粉积累。Jong 等人研究表明，6-BA 处理后的 *Lemna minor* 淀粉含量明显增加，且比生长抑制计算的增加量更大。朱晔荣等人在培养液中加入 6-BA，便可以阻止叶片进入衰老，同时能促进淀粉的合成。高水平的丝氨酸积累可能是启动叶片衰老的信号分子，6-BA 通过增强代谢丝氨酸的关键性酶丝氨酸：乙醛酸氨基转移酶（serine：glyoxylate aminotransferase）的转录和酶活性，可以抑制丝氨酸的积累来延缓半叶状体的衰老。Mccombs 等人对暗培养 3~4 周的浮萍（*S. oligorrhiza*）用激动素处理 24 h 后，伴随新叶状体的形成，淀粉含量增加明显。当用细胞分裂素处理 *L. punctata* 后，其生长受到抑制，淀粉含量也显著增加。Mclaren 等人研究表明，当对绿萍（*L. minor*）使用 10^{-6} mol/L ABA 处理 6 d 后，浮萍生长和光合速率下降，淀粉含量增长明显，从鲜重的 0.4% 增加到 3% 左右，还可以观察到细胞内淀粉颗粒明显变大。Wang 等人也报道，当用 ABA 处理 *S. polyrrhiza* 5 d

后，伴随着叶状体变为休眠芽，其淀粉含量逐渐增加，含量从干重的24%增加到46%，增长效果明显，到第14 d时，淀粉的含量趋于稳定，约占干重的60.1%。

1.4.2 浮萍的高淀粉积累机制研究

从以上研究可以发现，环境因子及浮萍自身因素等多种条件均会影响浮萍生长、淀粉的合成和积累。但以上工作针对提高浮萍淀粉产量的研究大部分还比较基础，仅仅局限在外界环境因子的处理方面，仅考虑针对某单一因素对浮萍生长及淀粉积累的影响。增加淀粉积累的方法均是很初步的统计结果，其间生物量的增加数据较少或不是很高，总体大规模生产应用前景难以评估。另外，这些研究对淀粉积累过程的探讨较少，使得科研人员对浮萍淀粉合成途径了解甚少，今后人工提高浮萍淀粉含量缺乏理论依据。弄清提高浮萍淀粉积累过程的内部深层机理具有非常重要的意义，这也正是本书主要的研究主旨。

相比较于许多农作物，浮萍淀粉合成途径关键酶的研究甚少。植物如谷类作物水稻的淀粉合成途径已经得到阐明，参与淀粉合成途径的关键酶主要包括ADP-葡萄糖焦磷酸化酶（ADP-Glc pyrophosphorylase，AGPase）、淀粉合成酶（starch synthesis，SSS）、淀粉分支酶（starch branchingenzymes，SBE）和淀粉脱支酶（starch debranching enzyme，DBE），降解途径的关键酶包括α-淀粉酶（α-amylase，α-AMY）和β-淀粉酶（β-amylase，β-AMY）。Wang的研究显示，多根紫萍（$S.\ polyrhiza$）中克隆到AGPase的三个大亚基基因（APL1、APL2和APL3）推测的蛋白质和外显子序列高度保守；而且酶的三维结构模式表明，浮萍AGPase具有与其他植物AGPase酶蛋白相似的结构，也具有3-PGA（3-磷酸甘油酸）激活位点。基因表达分析显示APL2和APL3在休眠芽形成早期高表达，而APL1在整个休眠芽发育过程中表达水平均较低。

生物信息学如转录组和蛋白组学，由于它可以提供基因表达的全部信息，因此是非常有用的学科。众所周知，对于非模型植物而言，由于缺乏遗传转化体系，因此难以阐明其代谢机制。而生物信息学技术却可以提供某一条件下的全部基因表达信息，是一个强有力的技术来分析非模型植物的代谢通路。因此，通过生物信息学的分析对于解析浮萍光合效率、生物量和淀粉合成研究具有非常重大的意义。

众所周知，淀粉的最初来源还是光合作用的产物，提高作物产量的出发点是建立光合太阳能转换最大效率。研究光合作用过程的每一步，从光捕获至碳水化合物的合成，可以对其效率的潜在提高进行研究。对浮萍而言，参考常规 C3、C4 作物建模，构建一个综合的光合模型，对于解析其光合作用过程从光捕获至淀粉合成的能量利用，提高光合效能具有重要的意义。在提高作物产量方面，目前科学家探讨了新绿色革命的突破口，开展了 C3 植物中导入或筛选 C4 途径。为了提高水稻叶片的光合效率，提出构建 C4 水稻可能是一条有效的途径。自从 20 世纪 60 年代末 C4 光合途径发现以来，人们对工程改造现有 C3 粮食作物使之具有 C4 光合能力进行了大量努力，目前 C4 光合工程改造也吸引了大量科学家从事相关研究。因此，如果能有效提高浮萍的光合效率才是从根本上提高其生物学产量和淀粉合成量的有效途径。针对浮萍光合效率以及消耗光合产能的光呼吸途径的研究，特别是如何提高浮萍的光合速率以及降低光呼吸引起光合产率提高等的研究，对于浮萍生物质能淀粉的开发利用尤为重要。其中，转基因技术是目前在多种重要农作物中采用的一种增产非常有效的途径；而且 Randalow 曾预计通过遗传转化，浮萍的生物量可以增加 300%，其产量可以获得 33.6 t/（ha·a）。可见利用浮萍开发生物质能是一种非常理想的新途径，其应用前景将无比广阔。围绕浮萍淀粉及生物量的研发尽管已经取得很大的进展，然而，针对其淀粉代谢途径和积累机理、生物量提高、高光合效能等方面的研究还需要更深入全面地展开，为进一步高效利用浮萍的生物质能提供理论依据。

1.5　小　　结

在生物质能源开发领域，将水生植物浮萍应用于生物燃料的生产是一个重要的研究方向，对于环境治理、节能减排和减轻化石燃料依赖具有重要意义。浮萍生长于污水中，具有"不与人争粮，不与粮争地"等优势，生长迅速，利用光能将二氧化碳和水同化成生物质，可以在人工条件下积累大量淀粉，是生产生物燃料的潜在原料。另外，浮萍在污水处理、饲料开发、药物开发、生物反应器、环境监测、重金属吸附等方面也有多种重要的作用，具有潜在的应用前景。发展浮萍作为新能源作物，可以将污水处理和能源生产耦合起来，两全其美，实现废水处理及资源化利用。作为能源植物，控制浮萍生物质质量，调节浮萍的生长和快速高淀粉积累是能源生产的关键。理解了浮萍高淀粉积累的分子机制，可以使得科研人员对浮萍淀粉积累有更全新的认识，也是今后浮萍能源化研究的重要课题之一。未来需要在相关领域加强研究，其中包括优化浮萍的生物质生产、增强淀粉积累和使用此浮萍原料生产各种生物燃料等。

2 寡营养处理下少根紫萍
淀粉积累和黄酮分析

　　近几十年来，化石燃料的枯竭以及大量化石燃料燃烧引起的环境污染，引起了社会的极大关注。许多类型的可持续生物燃料，包括第二代生物乙醇等，被认为最能满足日益增长的能源需求和减少环境污染。目前，商业化生产淀粉基乙醇主要来自玉米、甘薯和木薯等。然而，这些原料作为陆生作物，会和粮食作物竞争耕地，大规模应用会对粮食供应构成威胁，而且会对粮食安全和环境产生不利影响。为了解决这个问题，许多学者也关注了木质纤维素资源，但仍然缺乏一种有效的、经济的及环境友好的预处理过程，而非粮作物浮萍能避免上述问题，应用于生物燃料生产中将是非常有前景的能源作物。

　　浮萍（duckweed），是浮萍亚科（*Lemnoideae*）植物的统称，共有5属37种。它是世界上最小的开花植物，作为小的漂浮水生植物，具有很多优势。它具有较强的适应性，能适应广泛的地理和气候区域；而且生长期长，在许多温带至热带地区均可全年生长。浮萍比其他潜在的能源植物能更快地积累生物质，Oron曾报道浮萍生长速率可达到干重（dry weight：DW）12 g/（m² · d），经推算全年干物质产量可达55 t/ha。而根据联合国粮食及农业组织（2008）公布的数据，玉米产量为4.9 t/（ha · a），甘蔗产量为65 t/（ha · a），木薯产量为12 t/（ha · a）。相比之下，浮萍比这些传统的原料具有更大的优势，浮萍还有一个最大的优势就是淀粉含量高。据报道，在优化的生长条件下，浮萍淀粉含量可高达干重的75%。浮萍原料也已经高效地转变为乙醇、丁醇和生物油等。因为浮萍具有潜在的作为生物燃料生产原料的特性，使得浮萍正受到世界各国科学家、企业家和政府的广泛关注，第一届和第二届浮萍研究和应用国际会议分别在中国成都和美国Rutgers大学召开。

　　自然条件下，浮萍的淀粉含量差别较大。研究发现，通过调节浮萍的生长条件，例如pH值、磷酸盐浓度和营养状态，可以使浮萍的淀粉含量显著增加。而浮萍淀粉快速积累的相关研究对于其能源化利用具有非常重要的意义，本研究在课题组前期工作的基础上，对寡营养处理下浮萍淀粉积累情况进行了分析。

另外，众所周知，高淀粉含量的能源作物可有效转变为生物燃料，而木质素的存在将干扰生物质碳水化合物的降解，并抑制微生物发酵，从而导致发酵效率不高。而浮萍具有高的淀粉含量和低的木质素含量，伴随着快速的生物质积累，是生物燃料生产的理想原料。对浮萍的开发利用而言，对其成分充分地了解是应用的基础，目前浮萍的利用研究大都关注在淀粉方面。我们知道，浮萍的木质素含量低，而对木质素和黄酮合成通路进行分析可以发现，木质素和黄酮合成均来自于苯丙氨酸前体。那么，是否可以预测浮萍木质素含量低，相应地黄酮的含量会不会比较高。特别是，少根紫萍黄酮成分情况不明晰，寡营养下黄酮含量变化情况也还没有相关的研究报道，开展相关研究对其资源开发利用具有非常重大的意义。因此，本章对寡营养下浮萍黄酮的含量和成分进行了分析，以期为浮萍药用领域资源的开发提供指导。

为了充分利用浮萍的能源价值和药用价值，本章分析了寡营养处理下浮萍的淀粉积累情况和黄酮含量及成分。研究发现，寡营养处理后，浮萍干重和淀粉含量均明显增加。每瓶干重从 0.05 g 增加到 0.14 g，增加至 2.8 倍。通过对浮萍淀粉测定，结果表明浮萍在寡营养处理下积累了大量的淀粉，淀粉含量在 3 d 之内，从初始干重的 2.98% 增加至 18.3%，在 7 d 甚至高达 45.36%，增加至 15.2 倍。通过计算淀粉总量，每瓶淀粉绝对量从 1.5 mg 增加至 63.5 mg，增加至 42.3 倍。酶活结果显示淀粉合成的关键酶 AGP 和 SSS 酶活性均升高，淀粉降解的关键酶中 β-AMY 显著下降。淀粉合成酶活性的显著增加，以及降解酶活性的显著下降，最终有利于淀粉的积累。黄酮分析结果显示，寡营养处理使得黄酮含量增加明显，7 d 之内，总黄酮含量从初始的 4.51% 增加至 5.56%，提高了 23.28%。通过 HPLC 分离得到了 17 种黄酮类成分，其中有两种成分占比最大，比较分析发现寡营养处理下有 7 种成分增长最明显。进一步进行了 HPLC-MS/MS 分析并进行结构鉴定，浮萍中的黄酮类成分主要为连接不同糖苷键的木犀草素和芹菜素两大类化合物，相关研究结果为后续的浮萍生物质能源领域和药用资源开发具有很好的指导意义。

2.1 材料与方法

2.1.1 材料

本实验用到的浮萍品种少根紫萍（*Landoltia punctata* 0202）收集于四川，保藏于中国科学院成都生物研究所浮萍资源库，样品酶活性测定的试剂盒购自 Sigma 公司。

2.1.2 仪器与设备

本实验用的仪器与设备有：GZ-300GS Ⅱ 型智能人工气候箱，韶关广智科技设备发展有限公司；蒸发光检测器，美国奥泰万谱公司；FOSS2200 凯氏定氮仪，瑞典福斯公司；高效液相仪，美国热电公司；液质联用仪 HPLC-MS/MS，安捷伦-美国热电公司；SP500 型紫外光分光光度计；容量瓶；752 分光光度计，上海奥普勒仪器有限公司；移液枪；分析天平；干燥器；称量瓶；消化管；微量凯氏定氮仪；微量滴定管；量筒；烧瓶；烧杯；移液管；锥形瓶；烘箱；冷凝器；小漏斗研钵；超低温冰箱；制冰机；台式离心机；超速冷冻离心机；pH 计；恒温水浴锅；电磁炉；核酸蛋白检测仪等。

2.1.3 方法

2.1.3.1 浮萍培养

L. punctata 0202 无菌种苗培养保存在含糖 Hoagland 培养基中。采用经典的含糖 Hoagland 培养基，贮存液配方见表 2-1 中的母液浓度，使用时按照培养液用量加贮存液进行配置。在 100 mL 的三角瓶中装有 45 mL Hoagland 培养基，在 121 ℃灭菌 30 min，冷却后接种一定量无菌浮萍置于人工气候箱内。设定的培养条件为：白天培养温度 25 ℃，16 h 光照，光照强度 130 μmol/（m² · s）；夜间温度15 ℃，8 h 黑暗。当浮萍生长两周（14 d）左右至足够量时，将浮萍转接至同样灭菌的无糖 Hoagland 培养基中继续活化生长。其中，配置无糖培养液时只是不需要添加 G 蔗糖，而其他成分完全一样。如果不够实验需要量，也需要置换新的含糖 Hoagland 培养基以提供足够充分的营养保证浮萍继续生长。

表 2-1 含糖 Hoagland 培养基配置方法

序号	组分	母液浓度/g·L⁻¹	培养液用量
A	四水硝酸钙	59.00	20.0 mL/L
	硝酸钾	75.76	
	磷酸二氢钾	34.00	
	6 mL、6 mol/L 盐酸		
B	酒石酸	3.0	1.0 mL/L
C	六水三氯化铁	5.4	1.0 mL/L
D	乙二胺四乙酸	9.0	1.0 mL/L
	8 mL、6 mol/L 氢氧化钾	—	
E	七水硫酸镁	50.0	10.0 mL/L
F	硼酸	2.86	1.0 mL/L
	七水硫酸锌	0.22	
	二水钼酸钠	0.12	
	五水硫酸铜	0.08	
	四水氯化锰	3.62	
G	蔗糖	—	15 g

注：调节 pH 值至 5.8 左右。

2.1.3.2 浮萍寡营养处理

当培养至少 2 周（14 d）后，当浮萍生长旺盛时，将浮萍取出，用蒸馏水洗净后转入至含有 45 mL 蒸馏水的 100 mL 三角瓶中。每瓶的接种量为 0.5 g 鲜重，覆盖率大约是 80%，在相同的培养条件下生长。伴随着浮萍生长，共设定了 11 个取样时间点取样进行生理生化分析，分别是 0 h、0.5 h、2 h、5 h、24 h、48 h、72 h、96 h、120 h、144 h 和 168 h。取样时，用滤布网收集，用脱水机离心甩干大部分水分后，用吸水纸吸收表面水分，称湿重，定量称取小部分鲜样，然后至 60 ℃干燥箱烘干，称干重，用研钵磨粉后置于干燥器中待测。取样时，每个取样点独立地建立 3 个生物学重复。同时，每组样品取完鲜样后进行分装，标记后集中在液氮中进行速冻，再保存于-80 ℃冰箱中以便后续蛋白组分析。其中，寡营养处理的对照水体是无糖 Hoagland 培养液。

2.1.3.3 浮萍鲜重、干重和生长速度计算

浮萍的鲜重计算按照 Bergmann 的方法进行测定。定量称取的浮萍鲜样在

60 ℃的干燥箱中烘 2 d，称量得到浮萍干重；然后将浮萍磨粉，贮存于干燥器中。浮萍含水率的计算公式如下：

$$含水率 = [(鲜重 - 干重)/鲜重] \times 100\% \tag{2-1}$$

$$绝对生长速度(g/(m^2 \cdot d)) = 干物质增量/(面积 \times 时间) \tag{2-2}$$

2.1.3.4　淀粉含量测定

采用酸水解法水解浮萍样品。精确称取 0.03 g 样品干粉，置于 10 mL 离心管中。之后加入 600 μL、6 mol/L 的 HCl 和 2 mL 蒸馏水（先加酸后加水），沸水浴 2 h。待冷却至室温后加 40% 氢氧化钠调节 pH 值至 7.0，定容于 500 mL 容量瓶。然后加 200 μL、20% 醋酸铅和 6.8 mL 蒸馏水静置沉淀蛋白。取上清液过 C18 萃取小柱和 0.22 μm 滤膜后，用 HPLC 分析总糖组分。浮萍中的淀粉含量是根据 Zhang 的方法水解后，通过 HPLC 测定总葡萄糖含量。HPLC 法分析总糖含量：超纯水作为流动相，流速为 0.6 mL/min；色谱柱：Aminex HPX-87P（Rio-Rad），300 mm×7.8 mm，柱温 79 ℃。检测器：ALL-tech，ELSD 2000 蒸发光检测器，温度 95 ℃，气压 2.8 bar（2.8×10^5 Pa）。通过葡萄糖标准曲线进行定量分析，最后得到淀粉含量计算公式为：

$$淀粉含量 = 葡萄糖含量/1.1 \tag{2-3}$$

2.1.3.5　蛋白含量测定

浮萍粗蛋白测定用 FOSS KJ2200 System 自动测定系统测出凯氏氮含量。测定步骤如下：

（1）消化。浮萍干粉与浓硫酸共热，使有机氮全部转化为无机氮-硫酸铵。为加快反应，添加硫酸铜和硫酸钾的混合物；前者为催化剂，后者可提高硫酸沸点，这一步约需 420 ℃处理 1 h。

（2）加碱蒸馏。硫酸铵与 NaOH（浓）作用生成 NH_4OH，加热后生成 NH_3，通过蒸馏导入过量酸中和生成 NH_4Cl 而被吸收。

（3）滴定。用过量标准 HCl 吸收 NH_3，剩余的酸可用标准 NaOH 滴定，由所用 HCl 摩尔数减去滴定耗去的 NaOH 摩尔数，即为被吸收的 NH_3 摩尔数。此法为回滴法，采用甲基红为指示剂，粗蛋白含量计算公式为：

$$粗蛋白含量 = K_j N \times 6.25 \tag{2-4}$$

2.1.3.6　酶活测定

事先将研钵洗净灭菌干燥并置于 -20 ℃低温保存，称取 1 g 浮萍鲜样放入预冷的研钵内，加入裂解缓冲液和少许石英砂后在冰浴上迅速匀浆。缓冲液体系为

5 mL 的 50 mmol/L HEPES-NaOH（pH 值为 7.6），5 mmol/L DL-Dithiothreitol，2 mmol/L EDTA，2%（W/V）polyvinylpyrrolidone-40，8 mmol/L MgCl₂ 及 12.5%（W/V）甘油。将组织匀浆液在 4 ℃条件下 10000 g 离心 5 min 后，取上清液作为粗酶液储存在-20 ℃低温冰箱中待测定。

酶活测定用分光光度计测量，方法为：淀粉合成的关键酶 ADP 葡萄糖焦磷酸化酶（AGP：EC 2.7.7.27）和可溶性淀粉合成酶（SSS：EC 2.4.1.21）酶活测定采用 Nakamura 的方法，淀粉降解的关键酶 α-淀粉酶和 β-淀粉酶（α-AMY，EC 3.2.1.1；β-AMY，EC 3.2.1.2）酶活测定采用 Nakamura 的方法。

2.1.3.7 浮萍的黄酮提取与含量分析

准确称取 0.1 g 浮萍干粉于 50 mL 圆底烧瓶内，加入 30 mL、70%甲醇后摇匀。置于水浴锅上，70 ℃条件下回流提取 60 min。待冷却后将样品溶液在 3000 r/min 离心 30 min，取上清液在旋转蒸发仪上 70 ℃，负压条件下将样品浓缩蒸干得浸膏。再用 70%甲醇溶液溶解并定容至 10 mL 容量瓶中，等待后续 HPLC 分析。

采用 HPLC-UV 法分析浮萍总黄酮含量和寡营养处理后不同时间点黄酮组分比较分析，是基于 Qiao 的方法而改进获得。将定容后的样品溶液用 0.22 μm 滤膜过滤进行 HPLC 上样分析。采用木犀草素双氧葡萄糖苷作为标准品，仪器为 HPLC(Thermo spectra system AS3000，USA)-UV(Thermo UV6000 Detector，USA)，设定检测波长 340 nm，流速 0.6 mL/min，色谱柱：Kromasil 100-5C18（250 mm× 4.6 mm，5 μm），柱温 35 ℃，进样量 10 μL，流动相 A 泵纯甲醇、B 泵水（加 0.5%冰乙酸），梯度设置为：0~20 min、30%~40% A，20~30 min、40%~53% A，30~40 min、53%~90% A，40~45 min、90% A。

2.1.3.8 浮萍的黄酮成分鉴定

参照黄酮的高效液相分离条件，对样品进行液质联用分析。液质联用分析系统（HPLC-MS/MS）是基于 Agilent1100 高效液相系统串联电喷雾电离 LCQ 离子阱质谱仪，方法在参考 Qiao 的报道上进行优化改进，液相流动相对样品分离后按 5∶1 分流进入质谱进行检测。高纯度的氮气用作雾化气，高纯度的氦气用作碰撞气体，离子源在负离子模式下操作。优化的检测参数设置为：离子喷雾电压 4.5 kV；鞘气（N₂），50 相对单位；辅助气体（N₂），10 相对单位；毛细管温度 320 ℃；毛细管电压-20 V；管镜头偏移电压，-70 V。在串联质谱（MS/MS）分析中，碰撞能量调节到最大能量的 35%，母离子的分离度设置为 2.0 Th。HPLC-MS/MS 系统由 Xcalibur1.3 软件控制。

2.2　结果与讨论

2.2.1　寡营养处理浮萍干重和淀粉的变化

少根紫萍在寡营养处理下的干重和淀粉变化情况如图 2-1 所示。

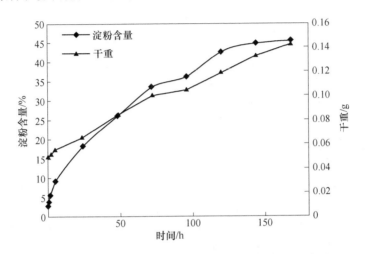

图 2-1　寡营养处理下浮萍干重和淀粉含量变化

由图 2-1 可以看出，寡营养处理后 7 d 之内，浮萍生长并未收到明显影响，生长仍十分迅速，每瓶干重从初始的 0.05 g 增加到 0.14 g；而且淀粉含量增长非常明显，在 3 d 之内，从 2.98% 增加到 18.3%，在 7 d 甚至高达 45.36%。计算可得，干重和淀粉含量分别增加至 2.8 倍和 15.2 倍。通过计算每瓶淀粉的绝对量，从初始的 1.5 mg 增加到 63.5 mg，增加至 42.3 倍。

2.2.2　浮萍淀粉代谢中关键酶酶活的变化

对淀粉代谢中的关键酶酶活进行测定，其酶活变化情况如图 2-2 所示，左侧纵坐标轴表示淀粉降解中的关键酶 α-淀粉酶和 β-淀粉酶（α-AMY 和 β-AMY）的活性。右侧纵坐标轴表示淀粉合成的关键酶 ADP-葡萄糖焦磷酸化酶的（AGP）活性和可溶性淀粉合成酶（SSS）的活性。

淀粉合成的第一个关键酶 ADP 葡萄糖焦磷酸化酶（AGP）酶活性增加明显，从最初的 9.6 U/（mg·蛋白）增加到 14.47 U/（mg·蛋白）；同样的，可溶性淀

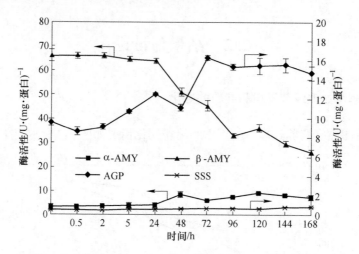

图 2-2　寡营养处理下浮萍淀粉代谢通路中关键酶酶活变化

粉合成酶（SSS）的酶活性从 0.51 U/（mg·蛋白）增加到 0.88 U/（mg·蛋白）。淀粉降解的关键酶中，α-淀粉酶（α-AMY）活性从 3.37 U/（mg·蛋白）轻微增加到 4.47 U/（mg·蛋白）；相反地，β-淀粉酶（β-AMY）活性下降最明显，从初始的 66.0 U/（mg·蛋白）下降到 22.6 U/（mg·蛋白）。可以看出，淀粉合成酶活性的显著增加，降解酶活性的显著下降，最终有利于淀粉的合成和积累。

2.2.3　浮萍蛋白含量的变化

一般认为浮萍蛋白含量与淀粉含量、氮磷含量呈负相关。同样地，本实验中浮萍蛋白质含量下降非常明显，在寡营养下处理 168 h 后，蛋白含量从初始的 29.62% 下降至 11.27%。

2.2.4　寡营养处理对浮萍总黄酮含量的影响

甲醇提取少根紫萍总黄酮含量的变化情况如图 2-3 所示。

分析发现，所有品种浮萍的木质素含量均非常低，达不到检测线。本实验中寡营养处理 168 h 后，浮萍总黄酮含量从初始干重的 4.51% 增加到 5.56%，提高了 23.28%。该结果表明，寡营养处理有利于浮萍黄酮的合成。

2.2.5　寡营养处理对浮萍各黄酮成分的影响

对甲醇提取的黄酮进行 HPLC 分离分析，并对不同时间点的样品进行比较分析，结果如图 2-4 所示。

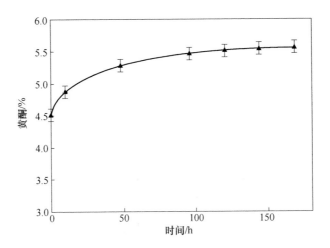

图 2-3　寡营养处理下浮萍的总黄酮含量变化

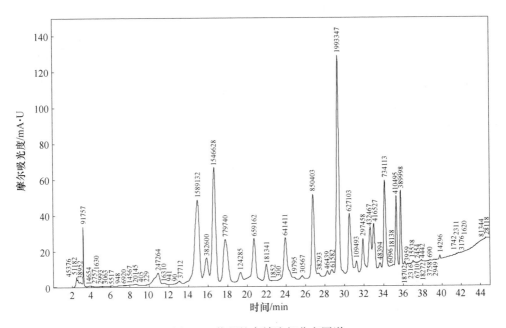

图 2-4　黄酮的高效液相分离图谱

选择 0 h、48 h、168 h 三个时间点样品甲醇提取黄酮的 HPLC/UV 图谱进行成分差异比较，结果如图 2-5 所示。

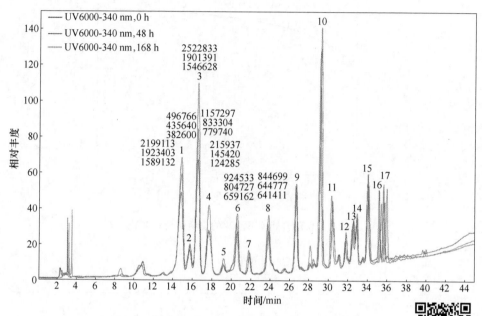

图 2-5   寡营养处理下三个时间点的类黄酮成分变化

图 2-5 彩图

从图 2-5 可以看出，少根紫萍中总共分离出 17 种黄酮类化合物。其中，最主要的成分是图中标记的 3 号和 10 号。通过峰面积积分比较，三个时间点样品的黄酮各成分的差异较大，寡营养处理显著提高了图中标记的 1~6 号和 8 号黄酮类化合物，而 7 号和 9~17 号化合物变化则不大。因此，对每个编号的具体成分还需要进一步质谱分析进行鉴定。

2.2.6   各黄酮成分分析

将浮萍的各黄酮成分经过液质联用分析，得到分子量信息后，再结合样品的光谱分析数据（见图 2-6），对黄酮成分结构进行推测，其 17 种成分详细信息见表 2-2。

分析主链母体结构可以发现，17 种黄酮成分主要为连接不同糖苷键的木犀草素和芹菜素两大类，详细的各取代基的位置结构还需要做核磁共振进行进一步分析确认。本实验组其他人员通过分析少根紫萍属云南本地种 *L. punctata* （G. Meyer）也发现了 17 种黄酮成分，有 4 种成分为新化合物，其中一种化合物还具有很强的抗氧化活性；而且环阿尔廷型三萜类也是首次在浮萍科植物中发现。因此，分析本实验少根紫萍品种黄酮详细结构信息对解析浮萍黄酮组分分析及药用指导具有非常重大的意义。

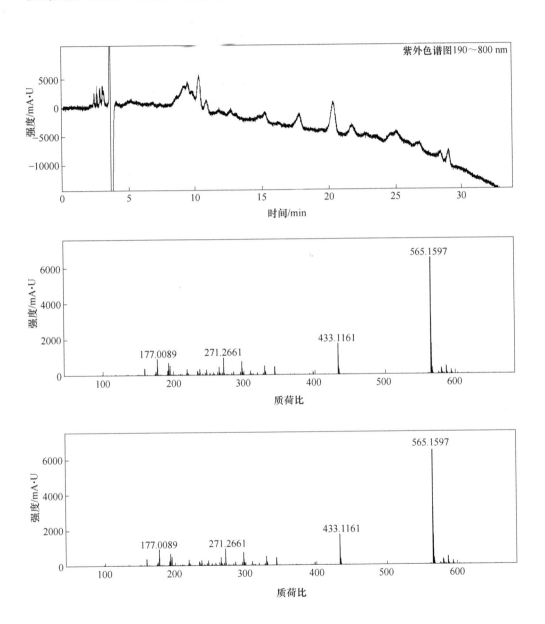

图 2-6 黄酮质谱分析结果示例

表 2-2 少根紫萍各黄酮成分分析

编号	保留时间 /min	分子量 /m·z⁻¹	分子式	结 构 式
1	9.5	595	$C_{27}H_{30}O_{15}$	
2	9.8	581	$C_{26}H_{28}O_{15}$	
3	10.3	581	$C_{26}H_{28}O_{15}$	
4	10.9	581	$C_{26}H_{28}O_{15}$	
5	11.8	581	$C_{26}H_{28}O_{15}$	

编号	保留时间/min	分子量/m·z^{-1}	分子式	结 构 式
6	12.7	581	$C_{26}H_{28}O_{15}$	和 5 号（11.8），4 号（10.9）成分为位置异构体
7	13.0	611	$C_{27}H_{30}O_{16}$	
8	15.3	581	$C_{26}H_{28}O_{15}$	
9	17.8	595	$C_{27}H_{30}O_{15}$	
10	20.3	565	$C_{26}H_{28}O_{14}$	
11	21.7	595	$C_{27}H_{30}O_{15}$	

编号	保留时间 /min	分子量 /m·z⁻¹	分子式	结 构 式
12	22.6	801	$C_{38}H_{40}O_{19}$	
13	24.6	801	$C_{38}H_{40}O_{19}$	
14	25.1	741	$C_{36}H_{36}O_{17}$	
15	26.8	771	$C_{37}H_{38}O_{18}$	

编号	保留时间 /min	分子量 /m·z^{-1}	分子式	结　构　式
16	28.3	741	C$_{35}$H$_{34}$O$_{18}$	
17	29.0	711	C$_{34}$H$_{32}$O$_{17}$	

2.3　小　　结

　　浮萍在寡营养处理下干重和淀粉含量均明显增长，每瓶干重从0.05 g增加到0.14 g，增加了2.8倍。淀粉含量在7 d之内，从初始干重的2.98%增加到45.36%，增加了15.2倍；每瓶淀粉绝对量从1.5mg增加到63.5mg，增加了42.3倍。酶活分析结果显示，在寡营养处理下淀粉合成的关键酶AGP和SSS酶活性均升高，淀粉降解的关键酶中β-AMY活性显著下降。淀粉合成酶活性的显著增加，降解酶活性的显著下降，最终有利于淀粉的合成和积累。相反地，寡营养处理下浮萍蛋白含量显著降低。寡营养处理使得浮萍总黄酮含量增加明显，通过液相分离，首次分析到少根紫萍（*L. punctata*）含有17种黄酮类成分，其中有两种成分占主要，比较分析发现寡营养处理下有7种成分增长最明显。进一步进行了质谱分析并进行了结构鉴定，认为主要是木犀草素和芹菜素两大类黄酮类化合物，相关研究为浮萍的能源资源和药用资源开发打下了良好的基础。

3 少根紫萍基因组的组装、注释评估及染色体定位

　　浮萍（duckweed）是现今知道的世界上最小、繁殖速度最快的浮水生开花植物，在全球分布较广泛，浮萍亚科（*Lemnoideae*）有 5 个属 37 个种，分别是多根紫萍属（*Spirodela*）、绿萍属（*Lemna*）、少根紫萍属（*Landoltia*）、微萍属（*Wolffia*）、无根萍属（*Wolffiella*）。

　　众多研究表明，浮萍具有独特的生理特性：在生物质能源和污水处理等方面潜能非凡。浮萍，其黄酮含量高而木质素含量低，以无性繁殖为主，但经过诱导能够开花；能在特殊处理条件下，快速获得高淀粉积累；能在多种重金属水体生长，并表现出优秀的重金属富集能力；能在多种生活污水中生长，并表现出较高的淀粉和蛋白积累效果等。研究表明，浮萍具有高度适应环境的能力和生物资源潜能，同时浮萍亚科内的生理特性也表现出一定的差异。

　　为了在基因组层次对浮萍特殊的生理现象做出一定的解释，另外希望为后续的浮萍研究及其应用方面给予理论指导，考虑到传统生物学研究方法的局限性、复杂性和浮萍这个物种本身特殊性的限制，而在大数据时代下生物信息学的飞速发展，在一定程度上弥补了传统生物学研究方法的不足，因此，实验室开展了浮萍基因组的研究工作。在实验室开展浮萍基因组工作之前，浮萍亚科多根紫萍属（*Spirodela*）已有一个种（*Spirodela polyrhiza* strain 7498）基因组测序完成并发表论文，但是实验室的研究表明在作为能源植物等方面，少根紫萍（*Landoltia*）更具有应用价值，其基因组项目的开展为以后的应用研究具有极大的指导意义。

　　虽然大数据时代很大程度上提高了数据量的产生，同时极大地推动了生物学研究，但是我们仍要对数据把控质量，以便提高后续生物信息学分析结果的可信度。实验室前期对少根浮萍属（*Landoltia*）其中能源利用效果最好的一个株系进行基因组测序、组装及注释。本研究采用了与多物种基因组数据比较以及 CEGMA、BUSCO 软件对公司返回的数据结果进行分析，以对少根紫萍基因组组装注释进行质量评估。

到目前为止，已发表基因组文章的浮萍亚科 Lemnoideae 植物有 3 个种，分别是 2014 年 2 月发表的多根紫萍 Spirodela polyrhiza strain 7498，2015 年 11 月发表的绿萍 Lemna minor，2016 年 10 月发表的多根紫萍 Spirodela polyrhiza strain 9509，其中 2 个多根紫萍属于同一个种不同的株系。多根紫萍 Spirodela polyrhiza strain 7498 基因组组装的 Scaffold N50 为 3.759 M，并且其借助 BAC 文库等技术将 scaffolds 组装到了假染色体水平，绿萍 Lemna minor 基因组组装的 Scaffold N50 为 23.6 K，多根紫萍 Spirodela polyrhiza strain 9509 的基因组则借助 BioNano 等技术将 scaffolds 组装到了染色体水平。编码基因和非编码区在染色体上的位置、差异及其分布都影响着物种的生理特性，为了后续浮萍亚科内不同种属深入比较基因组分析研究物种特性，有必要对少根紫萍 Landoltia punctata 基因组的 scaffolds 进行染色体定位。

在进化关系上，少根紫萍 Landoltia 和多根紫萍 Spirodela 的亲缘关系较近，而且 2 个多根紫萍的基因组都组装到了假染色体或染色体水平，本研究借助已发表的多根紫萍 Spirodela polyrhiza strain 9509 基因组文章所公布的基因组数据使用 lastal、ALLMAPS、blast、circos 等软件分别把少根浮萍 Landoltia punctata 的 scaffolds 和多根紫萍 Spirodela polyrhiza strain 7498 的 pesudo-chromosomes 根据共线性原理进行染色体定位。

为了更好地利用少根紫萍 Landoltia punctata 的生物资源潜能，实验室开展了少根紫萍基因组项目。为了确保后续的分析所需组装和注释基础数据可信度，本研究通过与多个科多个物种所发表的基因组结果比较分析以及使用 CEGMA、BUSCO 软件对少根紫萍基因组组装和注释进行评估，结果表明少根紫萍使用纯二代 HiSeq2000 测序、SOAPdenovo 软件组装获得的基因组组装结果和多策略注释获得的基因组注释结果要优于浮萍亚科已测序的多根浮萍 Spirodela polyrhiza strain 7498 和绿萍 Lemna minor。同时，少根紫萍的组装及注释质量并不逊色于近几年发表的凤梨 Ananas comosus（L.）Merr.、无油樟 Amborella trichopoda、大叶藻 Zostera marina 等物种基因组结果，并且优于大部分同时期同测序平台其他植物物种基因组结果。此研究结果表明，少根紫萍基因组组装和注释结果满足后续生物信息学分析需求。

生命活动除了受编码功能基因的数量和功能影响之外，很大程度上还依赖于功能基因在染色体上的位置及其与非编码区的相互作用。浮萍亚科不同属的植物基因组大小分布很广，因此，对现有数据完成浮萍基因组在染色体定位，为后续的结构基因组与功能基因组关联分析做铺垫。为了解释浮萍亚科不同种属之间基因组大小差异和其产生的生理特性奠定基础，本研究以多根紫萍 *Spirodela polyrhiza* strain 9509 的基因组作为参考，对少根紫萍 *Landoltia punctata* 和多根紫萍 *Spirodela polyrhiza* strain 7498 两个物种的基因组序列进行了染色体定位。少根紫萍有 403.5 M（94.25%）的基因组序列被定位到染色体，多根紫萍有 137.9 M（96.3%）的基因组序列被定位到染色体，此研究结果为后续结构基因组与功能基因组关联分析提供了重要的数据信息。

3.1 材料与方法

3.1.1 数据材料

本实验所用数据材料有：

（1）少根紫萍 *Landoltia punctata* 基因组组装和注释信息的具体数据产生过程见 3.2.2 小节；

（2）多根紫萍 *Spirodela polyrhiza* strain 7498 基因组数据，GenBank assembly accession：GCA_000504445.1；

（3）多根浮萍 *Spirodela polyrhiza* strain 9509 基因组数据，GenBank assembly accession：GCA_001981405.1；

（4）绿萍 *Lemna minor* 基因组数据，CoGe Genome ID：27408；

（5）凤梨 *Ananas comosus*（L.）Merr. 基因组数据，GenBank assembly accession：GCA_001540865.1；

（6）小豆 *Vigna angularis* 基因组数据，GenBank assembly accession：GCA_001190045.1；

（7）无油樟 *Amborella trichopoda* 基因组数据，GenBank assembly accession，GCA_000471905.1；

（8）大叶藻 *Zostera marina* 基因组数据，GenBank assembly accession：GCA_001185155.1；

（9）少根浮萍 *Landoltia punctata* 基因组数据。

3.1.2 少根紫萍测序、组装及注释

测序所用少根紫萍来源于实验室浮萍资源种质资源库少根浮萍 ZH0051，其 DNA 提取方法采取 CTAB 法。

利用提取的 DNA 构建不同插入长度的文库：200 bp、500 bp、800 bp、2 Kb、5 Kb、10 Kb、20 Kb。在得到不同插入长度的文库之后，利用 HiSeq2000 对各个文库进行双末端测序，测序总数据量为 166.4 Gb。为了减少测序错误对组装造成的影响，对 Illumina-Pipeline 测得的原始数据做了一系列校正和过滤处理。过滤之后的总数据量达到了 95.5 Gb，测序深度达到了 224×。基因组组装主要是使用 SOAPdenovo 软件对过滤纠错后的 reads 来进行组装的。

基因组注释分为重复序列注释、编码基因注释以及非编码基因注释。重复序列注释是结合了基于 RepBase 库的同源预测方法和基于自身序列比对及重复序列特征的 de novo 从头预测方法。编码基因的结构预测，通常会结合多种预测方法，如 homolog 同源预测（近源物种）、de novo 从头预测（Augustus、Genscan 等）、cDNA/EST、RNA-seq 预测等，然后在 GLEAN 软件的帮助下，将各种方法预测得到的基因集整合成一个非冗余的、更加完整的基因集，然后借助于外源蛋白数据库（SwissProt、TrEMBL、KEGG、InterPro 和 GO）对基因集中的蛋白进行功能注释。非编码 RNA 的注释过程中，根据 tRNA 的结构特征，利用 tRNAscan-SE 软件来寻找基因组中的 tRNA 序列；由于 rRNA 具有高度的保守性，因此可以选择近缘物种的 rRNA 序列作为参考序列，通过 BLASTN 比对来寻找基因组中的 rRNA。另外，利用 Rfam 家族的协方差模型，采用 Rfam 自带的 INFERNAL 软件可预测基因组上的 miRNA 和 snRNA 序列信息。

以上测序、组装及注释工作由华大基因完成。

3.1.3 少根紫萍基因组的组装和注释评估

少根浮萍组装及注释评估采用同时期发表的基因组文章进行横向比较，以及采用软件 CEGMA、BUSCO 进行评估。

BUSCO 软件评估中，对于双子叶植物选择拟南芥（参数：-sp arabidopsis）作为参考物种，单子叶植物选择玉米（参数：-sp maize）作为参考物种，所用的评估数据集都是真核核心基因群（一共 303 个基因，使用参数：-l eukaryota_odb9）。

3.1.4　少根紫萍基因组序列染色体定位软件使用

本实验使用软件有：

（1）最后分值分析：http://last. cbrc. jp/；

（2）所有图谱分析：https://github. com/tanghaibao/jcvi/wiki/ALLMAPS；

（3）共线性分析：https：//github. com/tanghaibao/jcvi/wiki/MCscan-%28Python-version%29；

（4）比对：https://blast. ncbi. nlm. nih. gov/Blast. cgi；

（5）剩余物检索：http://hgdownload. cse. ucsc. edu/admin/exe/；

（6）热图制作：http://circos. ca/；

（7）频次：https://www. python. org/。

3.1.5　少根紫萍基因组序列染色体定位分析流程

以下流程均在实验室 Linux 平台进行：

（1）共线性分析。以多根紫萍 *Spirodela polyrhiza* strain 9509 基因组建库，分别用少根浮萍 *Landoltia punctate* 和多根紫萍 *Spirodela polyrhiza* strain 7498 作为 query 序列，使用 Lastal 软件进行共线性分析。Lastal 共线性结果使用 lastal-split、MCscan、maf-convert，以及 shell 命令进行过滤及格式转换。

（2）染色体定位。使用 ALLMAPS 进行 scaffold 染色体定位。

（3）注释更新。使用 liftOver 对染色体定位后的基因组进行注释更新。

（4）双向最优 BLAST（Best reciprocal hit BLAST）分析流程：

1）少根紫萍基因序列比对多根紫萍基因序列。以多根紫萍的 cds 序列建库，以少根紫萍的 cds 作为 query 序列进行比对（$e = 1 \times 10^{-5}$）。

2）多根紫萍基因序列比对到少根紫萍基因序列。

3）挑选最佳匹配。分别在两个比对结果里，对每一个 query 序列比对得到的结果选取 e 值最小比对记录，若 e 值相同，则选取其中 score 得分较高的一条记录作为最佳比对。

4）双向最优匹配。在上一步得到的最佳匹配里，如果少根紫萍的某条序列与多根紫萍的某条序列分别在两个比对结果里都是最佳匹配，则认为这两条序列为双向最优 BLAST。

（5）作图。根据双向最优 BLAST 比对结果或者过滤后的 Lastal 共线性关系结果，对少根紫萍和多根紫萍使用 circos 软件进行作图。

3.2 结果与讨论

3.2.1 组装及注释结果

少根紫萍基因组组装之后，contig N50 的长度为 54.01 K，scaffold N50 的长度为 3.946 M，组装之后基因组的大小为 428 M（见表 3-1）。而基于 kmer 分析，预估的少根紫萍的基因组大小为 420 M，表明组装的结果与实际大小吻合度比较高。

表 3-1 少根紫萍基因组组装指标统计表

项　目	脚　手　架		叠　连　群	
	长度/bp	数量/个	长度/bp	数量/个
第 90 条序列	1086204	110	11953	7951
第 50 条序列	3946245	31	54011	2164
第 10 条序列	10819166	3	146699	194
最长值	17987791	—	1111587	—
≥2000 bp	—	747	—	12632
总尺寸	428166247	—	403354422	—

综合三种不同策略进行注释的结果，少根浮萍最终注释的重复序列为 59.71%（见表 3-2），注释的编码基因 22436 个，其中能够进行功能注释的基因有 82.24%（见表 3-3）。

表 3-2 少根浮萍重复序列注释统计

类型	重复尺寸	占比/%
tRNA 来源的小 RNA 片段	54373159	12.98
重复序列	40126737	9.58
重复蛋白序列	33969413	8.11

表 3-3　少根浮萍编码基因注释统计

项　目	总数	注释数	占比/%
InterPro 蛋白数据库		17684	78.82
基因本体数据库		13726	61.18
京都基因与基因组百科全书	22436	13893	62.92
瑞士生物信息学研究所蛋白数据库		14124	62.95
全部	22436	18452	82.24

3.2.2　组装及注释评估结果与分析

在测序策略上，少根紫萍只使用了不同插入片段大小文库在二代 HiSeq2000 测序平台进行测序，而其他物种结合了不同策略的测序：无油樟 *Amborella trichopoda* 采用了 Roche 454 + Illumina HiSeq + Sanger WGS + BAC 的策略，其 scaffold N50 为 4.9 M；凤梨 *Ananas comosus* （L.） Merr. 采用了 Illumina + Molecular synthetic long reads + Roche 454 + PacBio + BACs 的策略，其 scaffold N50 为 11.8 M；多根浮萍 *Spirodela polyrhiza* strain 7498 采用了 sanger +Roche 454 + BCAs + Fosmid 策略，其 scaffold N50 为 3.7 M；复活草（*Oropetium thomaeum*）甚至只采用了三代 PacBio 单分子测序技术，其 contig N50 达到了 2.4 M；多根浮萍 *Spirodela polyrhiza* strain 9509 采用的策略是 Illumina HiSeq2000 + BCAs + BioNano，其结果组装到了染色体水平。相对于近几年测序的多种植物基因组（见表 3-4），综合测序策略和组装结果，少根紫萍基于纯二代 HiSeq 2000 测序，SOAPdenovo 组装后其 scaffold N50 达到 3.9 M，表明其组装质量较好。

表 3-4　26 个植物品种基因组测序结果统计

物　种	发表日期	杂志	叠连群中第 50 条序列	脚手架中第 50 条序列	组装尺寸（估计尺寸）
少根浮萍 *Landoltia punctata*	—	—	54.0 K	3.9 M	428 M
卷柏 *Selaginella moellendorffii*	2011-05	Science	119.8 K	1.7 M	212.6 M
谷子 *Setaria italica*	2012-05	Nature Biotechnology	25.4 K	1.0 M	400 M（510 M）

续表 3-4

物 种	发表日期	杂志	叠连群中第50条序列	脚手架中第50条序列	组装尺寸（估计尺寸）
香蕉 *Musa acuminata*	2012-07	Nature	43.1 K	1.3 M	472.2 M（523 M）
芝麻 *Sesamum indicum* L.	2013-01	Genome Biology	19 K	22.6 K	293.7 M（354 M）
毛竹 *Phyllostachys heterocycla*	2013-02	Nature Biotechnology	11.8 K	328 K	2.05 G（2.057 G）
云杉 *Picea abies*	2013-05	Nature	—	—	19.6 G
中国莲 *Nelumbo nucifera Gaertn*	2013-05	Genome Biology	38.8 K	3.4 M	804 M（929 M）
油棕桐 *Elaeis guineensis*	2013-08	Nature	—	1.27 M	1.535 G（1.8 G）
无油樟 *Amborella trichopoda*	2013-12	Science	29.4 K	4.9 M	706 M（748 M）
辣椒 *Capsicum annuum*	2014-01	Nature genetics	—	2.47 M	3.06 G（3.48 G）
甜菜 *Beta vulgaris*	2014-01	Nature	—	2.01 M	566.6 M（731 M）
多根浮萍 *Spirodela polyrhiza*	2014-02	Nature Communication	—	3.7 M	145 M（15 8M）
巨桉树 *Eucalyptus grandis*	2014-06	Nature	67.2 K	53.9 M	605 M（640 M）
咖啡 *Coffea canephora*	2014-10	Science	—	1.26 M	568.6 M（710 M）
蝴蝶兰 *Phalaenopsis equestris*	2014-11	Nature genetics	20.5 K	359 K	1.086 G（1.16 G）
青稞 *Hordeum vulgare* L. var. nudum	2014-12	PNAS	18.07 K	242 K	3.89 G（4.48 G）
海带 *Saccharina japonica*	2015-04	Nature Communication	58.8 K	252 K	537 M（545 M）

物　种	发表日期	杂志	叠连群中第 50 条序列	脚手架中第 50 条序列	组装尺寸（估计尺寸）
凤梨 *Ananas comosus*（L.）Merr.	2015-10	Nature genetics	126.5 K	11.8 M	382 M（526 M）
小豆 *Vigna angularis*	2015-10	PNAS	38 K	1.29 M	466.7 M（542 M）
绿萍 *Lemna minor*	2015-11	Biotechnol Biofuels	20.9 K	23.6 K	472 M（481 M）
复活草 *Oropetium thomaeum*	2015-11	Nature	2.4 M	—	245 M
大叶藻 *Zostera marina*	2016-02	Nature	79.9 K	485.5 K	202.3 M
菜豆 *Phaseolus vulgaris* L.	2016-03	Genome Biology	—	526 K	549 M
丹参 *Salvia miltiorrhiza*	2016-03	Moleculer Biology	2.47 K	51.02 K	538 M（615 M）
橡胶树 *Hevea brasiliensis*	2016-05	Nature plant	30.6 K	1.28 M	1.37 G（1.46 G）

　　用 CEGMA 对基因组进行评估（见表 3-5），在使用的 248 个真核保守基因集中，少根紫萍 *Landoltia punctata* 基因组组装结果有 246 个（99.19%）能预测出基因结构，其中有 226 个（91.13%）的基因可以预测出完整的基因结构。相对而言，绿萍 *Lemna minor* 能预测出 233 个（93.95%）基因，蝴蝶兰 *Phalaenopsis equestris* 能预测出有 234 个（94.35%）基因，凤梨 *Ananas comosus*（L.）Merr. 能预测出 220 个（88.7%）基因，芝麻 *Sesamum indicum* L. 能预测出 444 个（96.9%，使用 458 个保守基因集）基因。CEGMA 评估比较分析结果表明，少根紫萍的基因组组装效果较好，能够把绝大部分的编码基因区组装完成。

　　BUSCO 软件也是利用保守基因集进行基因组质量的评估，其效果要优于 CEGMA 软件，可以说是 CEGMA 软件的升级版，并且越来越多基因组、转录组评估使用此软件。

表 3-5 基因组组装 CEGMA 评估结果

物 种	核心基因集数/个	基因组预测数/个	预测占比/%
少根紫萍 *Landoltia punctata*	248	246	99.19
绿萍 *Lemna minor*	248	233	93.95
蝴蝶兰 *Phalaenopsis equestris*	248	234	94.35
凤梨 *Ananas comosus*（L.）Merr.	248	220	88.7
芝麻 *Sesamum indicum* L.	458	444	96.9

BUSCO 对少根紫萍基因组组装评估（使用 BUSCO 真核 303 个核心基因群），在所选取的 8 个物种（少根紫萍 *Landoltia punctata*，多根紫萍 *Spirodela polyrhiza* strain 7498，多根浮萍 *Spirodela polyrhiza* strain 9509，绿萍 *Lemna minor*，凤梨 *Ananas comosus*（L.）Merr.，小豆 *Vigna angularis*，无油樟 *Amborella trichopoda*，大叶藻 *Zostera marina*），少根紫萍能够预测出来完整的基因结构有 269 个（见图 3-1），是这 8 个物种中最多的（其他几个物种分布于 250~267 个之间），表明少根紫萍基因组装结果能够把绝大部分的基因区完整组装出来，其组装结果满足后续的生物信息学分析需求。

同样地，BUSCO 对少根紫萍基因组注释评估，在这 7 个物种中（多根紫萍 *Spirodela polyrhiza* strain 9509 未公布注释结果，无法进行评估），少根紫萍缺少了 4 个核心基因（见图 3-2），与小豆、大叶藻、凤梨几乎持平，但是明显高于浮萍科其他两个物种（多根浮萍 *Spirodela polyrhiza* strain 7498 缺少基因 12 个、片段基因 14 个，绿萍 *Lemna minor* 缺少基因 11 个、片段基因 26 个），结果表明少根紫萍基因结构注释准确性和覆盖度都较高，此注释结果满足后续功能基因组分析需求。

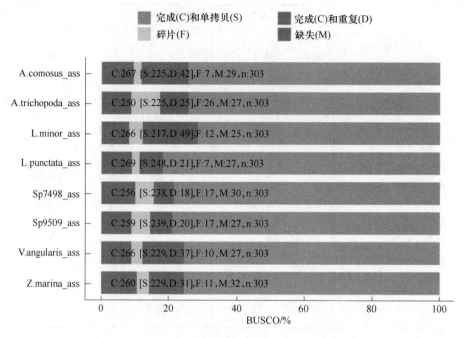

图 3-1　8 个物种基因组组装 BUSCO 评估结果

（L. punctata _ ass 表示少根紫萍；Sp7498 _ ass 表示多根紫萍 *Spirodela polyrhiza* strain 7498；Sp9509 _ ass 表示多根浮萍 *Spirodela polyrhiza* strain 9509；L. minor _ ass 表示绿萍；A. comosus _ ass 表示凤梨；V. angularis _ ass 表示小豆；A. trichopoda _ ass 表示无油樟；Z. marina _ ass 表示大叶藻）

图 3-1 彩图

3.2.3　少根紫萍基因组序列染色体定位结果与讨论

对少根紫萍 *Landoltia punctata* 和多根紫萍 *Spirodela polyrhiza* strain 7498 两个物种的基因组序列以多根紫萍 Sp9509 为参照进行染色体定位：少根紫萍有 403.5 M（94.25%）的序列被定位到染色体上，多根紫萍 Sp7498 有 137.9 M（96.3%）的序列被定位到染色体上。以 Lastal 过滤后的线性关系结果或双向最优 BLAST 得到 8473 对双向最佳匹配基因作为 links，用 circos 可视化图形展示多根紫萍与少根紫萍的线性关系，如图 3-3 和图 3-4 所示。两个定位结果表明，大部分的多根紫萍染色体与少根紫萍的染色体之间存在较好的染色体一一对应关系，如多根紫萍 1 号染色体大部分区域与少根紫萍 1 号染色体对应（见图 3-3），但是也存在一些区域非一一对应关系，如多根紫萍的 12 号染色体和 19 号染色体分别对应到少根紫萍多条不同的染色体上。整体上，不论是多根紫萍 Sp7498 与少根紫萍之间还是多根紫萍 Sp9509 与少根紫萍之间都存在较好的染色体一一对应关系，同时，这两个共线性结果的吻合度也非常高。其中，多根紫萍和少根紫萍非一一对应地出现可能是定位出现了错误，或者根本上是因为少根紫萍或多根紫萍在进化过程中发生过染色体结构变化。因此，此基于计算的染色体定位结果在用于种属之间结构基因组与功能基因组关联分析（如特定功能基因或重复序列在染色体位置分布等）之前还需要用 PCR 或 FISH 等技术验证。

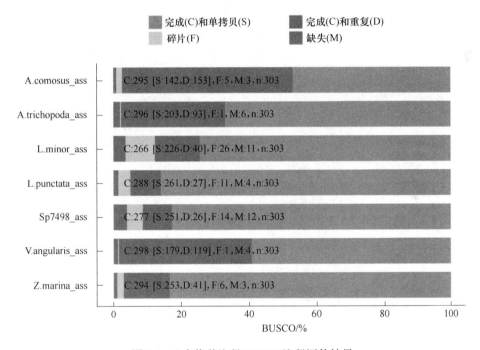

图 3-2　7 个物种注释 BUSCO 注释评估结果

（L. punctata_ass 表示少根紫萍；Sp7498_ass 表示多根紫萍 *Spirodela polyrhiza* strain 7498；

L. minor_ass 表示绿萍；A. comosus_ass 表示凤梨；V. angularis_ass 表示小豆；

A. trichopoda_ass 表示无油樟；Z. marina_ass 表示大叶藻）

图 3-2 彩图

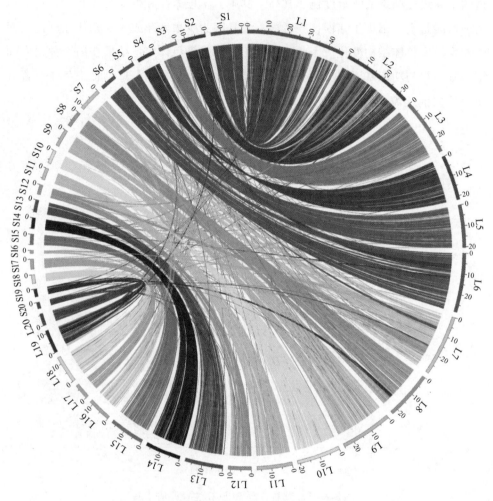

图 3-3　多根紫萍 Sp9509 与少根紫萍共线性关系

（L1~L20 代表的是少根紫萍 *Landoltia punctata* 的 1~20 号染色体，S1~S20 代表的是多根
紫萍 *Spirodela polyrhiza* strain 9509 的 1~20 号染色体，图中两条染色体之间连接线条表示共线性块）

图 3-3 彩图

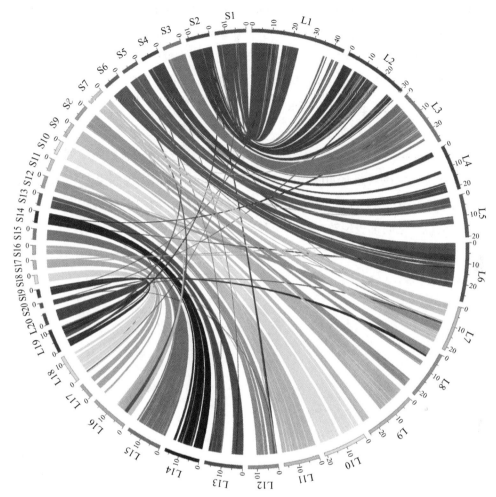

图 3-4 多根紫萍 Sp7498 与少根紫萍双向最优比对对应关系
（L1~L20 代表的是少根紫萍 *Landoltia punctata* 的 1~20 号染色体，
S1~S20 代表的是多根紫萍 *Spirodela polyrhiza* strain 7498 的 1~20 号染色体，
图中两条染色体之间连接线条表示双向最优 BLAST 基因对）

图 3-4 彩图

3.3 小　　结

　　经过与多个科多个植物基因组测序结果比较，以及 CEGMA、BUSCO 软件评估分析，结果表明少根紫萍 *Landoltia punctata* 基因组基于纯二代 HiSeq2000 测序、SOAPdenovo 组装得到基因组结果和多策略基因组注释结果要优于之前浮萍亚科

已测序多根紫萍 *Spirodela polyrhiza* strain 7498 和绿萍 *Lemna minor*，与近年发表的凤梨 *Ananas comosus*（L.）Merr.、无油樟 *Amborella trichopoda*、大叶藻 *Zostera marina* 等基因组测序结果并无明显劣势，并且优于大部分同时期同平台其他植物基因组测序组装结果。此研究结果表明，少根紫萍的基因组组装及注释质量较好，满足后续生物信息学分析需求。

以多根紫萍 *Spirodela polyrhiza* strain 9509 的基因组为参考，对少根紫萍 *Landoltia punctata* 和多根紫萍 *Spirodela polyrhiza* strain 7498 的基因组序列分别进行染色体定位，少根紫萍有 403.5 M（94.25%）的序列被定位到染色体上，多根紫萍有 137.9 M（96.3%）的序列被定位到染色体上。两个多根紫萍染色体与少根紫萍染色体之间都表现较好的——对应关系，而且这两个结果的共线性也呈现较好的一致性。此研究结果为后续结构基因组与功能基因组关联分析提供重要的理论数据。

4　寡营养处理下少根紫萍蛋白组分析

近几十年来，能源危机、粮食问题和环境压力等一系列问题促使人们研究和开发可替代化石燃料的清洁、可再生能源。液体燃料，如来源于生物质的生物乙醇，被认为是最有前景的传统化石燃料的替代物。传统的生物乙醇生产原料绝大多数是陆生作物，大量地运用会与粮食和饲料作物争夺有限的耕地资源，进而可能会影响粮食供应与安全，对环境也可能导致不可预期的影响。水生植物浮萍因为具有高的淀粉含量和低的木质素含量，伴随着快速的生物质积累等许多优良特征，是一种非常有前景的生物燃料生产原料。

前期研究发现，通过寡营养处理可以使浮萍生物质和高淀粉快速积累。寡营养处理后，每瓶干重从 0.05 g 增加到 0.14 g，增加至 2.8 倍；淀粉含量在 3 d 之内，从 2.98%快速增加到 18.3%，在 7 d 甚至高达 45.36%，增加至 15.2 倍。通过计算可得，淀粉总量从 1.5 mg 增加到 63.5 mg，增加至 42.3 倍；总黄酮含量在寡营养处理下也有显著的增加，从 4.51%增加到 5.56%。基于浮萍的很多优良特性，许多科学家投身到浮萍的研究和开发利用中。目前，科学家们较多地关注在浮萍的生长培养及光合效率方面，还有浮萍生物燃料的转化过程也受到大量的关注，如在转化过程中生物乙醇效率达到 25.8%，其浓度也达到 30.8 g/L，生物丁醇也得到了成功的转化。同时，浮萍的高淀粉积累也受到大量地关注。Xiao 等人对大田中浮萍的高淀粉积累进行了研究，在野外条件下只用池塘水实现了高淀粉积累，淀粉含量高达 52.9%，是目前文献报道的在野外条件达到的最高水平；系统比较了不同品种株系、收获时期和营养条件等三个实验因素对浮萍生长和淀粉积累的影响，通过条件优化并提出了一种在大田中培养浮萍连续生产高淀粉的方法。虽然在浮萍高淀粉积累方面取得了很多成果，但其淀粉的积累过程并不清楚，很少有研究系统地分析高淀粉积累和木质素黄酮合成机制，这很大程度上限制了对浮萍的理解和利用。近年来，快速发展的组学方法为本书作者解决这个难题提供了机会，大大加速了对淀粉代谢和黄酮合成的认识。

我们先前开展了全转录组测序对浮萍在寡营养处理下转录表达情况进行了研究，比较分析了当浮萍在蒸馏水中寡营养处理 2 h、24 h 和对照组 0 h 的转录表达差异。基因表达谱结果显示了寡营养处理下 2 h，转运蛋白相关的转录本上调表达；在处理 24 h，淀粉合成相关关键酶的转录本表达水平上调，而淀粉降解相关关键酶的转录水平下调表达，光合作用相关的转录本的表达也下调。更为有趣的是，在所有浮萍样品中，大多数编码参与黄酮合成的关键酶的转录本均高表达，而编码参与木质素合成的最后限速酶漆酶的转录本只有非常低的表达水平。

转录组水平显示了浮萍响应寡营养处理下基因的转录情况，而 mRNA 是基因表达的中间体，只能显示潜在的蛋白表达情况。而蛋白质是功能的执行者，直接在植物响应胁迫处理的生理变化中起作用，它与浮萍生理变化最接近也更加重要。因此，采用蛋白组技术分析定量蛋白的表达情况具有不可替代的优势。尽管生物燃料生产非常重要，但目前很少有研究将蛋白组学运用到生物能源植物的研究中去。我们的蛋白组研究可以系统地解析浮萍高淀粉积累、高黄酮含量、低木质素含量的分子机制，以期进一步推动浮萍作为生物能源的开发利用。

前期研究发现，寡营养处理能促进浮萍高淀粉快速积累和黄酮含量增加。但是，寡营养处理下淀粉和黄酮的代谢调控却还不清楚。这主要是因为相关代谢通路研究非常复杂，涉及的基因成百上千，单从某个基因的角度进行研究虽然可以了解该基因的功能，但是难以从总体上把握其代谢机制，尤其是调控机制。为了解析相关机制，在转录组分析的基础上，我们对寡营养条件下 *L. punctata* 的蛋白组进行了分析。在无全基因组序列的情况下，基于寡营养处理下浮萍的转录组数据构建一个蛋白序列数据库提高了蛋白识别。蛋白组结果显示，在寡营养条件下，淀粉合成代谢通路中的一些关键酶（如 AGP、GBSS 和 SSS）基因的表达量显著上调，而淀粉降解及其他与淀粉合成途径竞争底物的纤维素、蔗糖以及海藻糖等合成的关键酶基因的表达量显著下调，表明寡营养条件改变了浮萍碳代谢流向，使光合作用固定的 CO_2 更多地流向淀粉合成途径。在黄酮合成通路中，黄酮和木质素合成共同途径的关键酶（PAL 和 C4H）和黄酮合成分支路径的关键酶（CHS 和 CHI）的蛋白表达水平均显著上升，而木质素合成分支中的酶没有显著变化或未识别。寡营养处理条件下的蛋白组分析为我们认识浮萍对寡营养的应答响应提供了大量的信息，帮助我们理解浮萍淀粉快速积累和黄酮合成的分子机制。同时也为我们研究浮萍淀粉代谢和黄酮及木质素合成通路中基因的表达提供了更多的可能性，可以为相关酶学分析和代谢通路的调节提供一些指导，为浮萍今后在生物能源和药用方面的用途做一些铺垫。

4.1 材料与方法

4.1.1 材料

本实验用到的浮萍品种少根紫萍 *Landoltia punctata* 0202 收集于四川，保藏于中国科学院成都生物研究所浮萍资源库。

4.1.2 仪器与设备

本实验所用仪器与设备有：GZ-300GS Ⅱ 型智能人工气候箱，韶关广智科技设备发展有限公司；涡旋振荡器（海门市其林贝尔仪器制造有限公司，型号：QL-901）；离心机（Thermo，型号：PICO17）；超声波细胞破碎仪（南京先欧仪器制造有限公司，型号：XO）；酶标仪（Thermo，型号：Multiskan MK3）；恒温孵浴器（上海浦东荣丰科学仪器有限公司，型号：HH. S4）；真空冷冻干燥机（Thermo，型号：SPD2010-230）；RIGOL L-3000 高效液相色谱系统（北京普源精电科技有限公司）；LC-20AD 型号的纳升级液相色谱仪，日本岛津公司；质谱仪：TripleTOF 5600，AB SCIEX，Concord，ON；移液枪；分析天平；干燥器；称量瓶；锥形瓶；烘箱；冷凝器；小漏斗研钵；超低温冰箱；制冰机；pH 计。

4.1.3 实验步骤

4.1.3.1 实验流程

图 4-1 显示了 iTRAQ（Isobaric Tags For Relative And Absolute Quantitation）定量蛋白质组学实验的基本实验流程。

第一步，从样品中提取蛋白。

第二步，对提取后的蛋白样品进行还原烷基化处理，打开二硫键以便后续步骤充分酶解蛋白。

第三步，用 Brandford 法进行蛋白的浓度测定。

第四步，SDS-PAGE 检测。

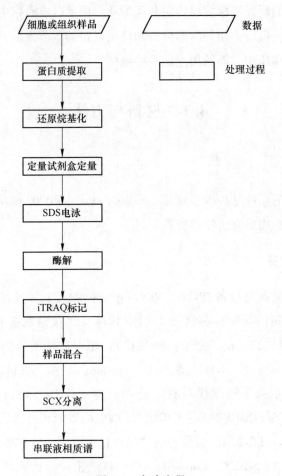

图 4-1 实验流程

第五步，每个样品取等量蛋白 Trypsin 酶解。

第六步，用 iTRAQ 试剂标记肽段。

第七步，将标记后的肽段进行等量混合。

第八步，对混合后的肽段使用强阳离子交换色谱（Strong Cation Exchange Choematography，SCX）进行预分离。

第九步，进行液相串联质谱（liquid chromatography coupled with tandem mass spectrometry，LC-MS/MS）分析。

4.1.3.2 浮萍培养及寡营养处理

浮萍培养及寡营养处理的实验方法参照第 2 章的 2.1.3.1 小节和 2.1.3.2 小节，取样分装后置于液氮进行速冻，再保存于-80 ℃冰箱备用。

4.1.3.3 浮萍样品蛋白提取过程

（1）称取适量的样品。

（2）加入适量蛋白裂解液溶解，然后分别添加终浓度为 1 mol/L 的 PMSF，2 mol/L 的 EDTA，5 min 后，添加终浓度 10 mol/L 的 DTT。

（3）超声 15 min，然后 25000 g 转速下离心 20 min，取上清液。

（4）上清液加入 5 倍体积预冷丙酮，在 -20 ℃沉淀 2 h，然后 16000 g 转速下离心 20 min，弃上清液。

（5）取适量沉淀，加入适量蛋白裂解液溶解，然后分别添加终浓度为 1 mol/L 的 PMSF，2 mol/L 的 EDTA，5 min 后，添加终浓度 10 mol/L 的 DTT。

（6）超声 15 min，然后 25000 g 转速下离心 20 min，取上清液。

（7）上清液在 56 ℃条件下加入终浓度 10 mol/L DTT 处理 1 h，还原打开二硫键。

（8）再加入终浓度 55 mol/L IAM 暗室静置 45 min，进行半胱氨酸烷基化封闭。

（9）加入适量冷丙酮，在 -20 ℃静置 2 h。

（10）25000 g 转速下离心 20 min，丢弃上清液。

（11）沉淀在 200 μL、0.5 mol/L TEAB 中超声溶解 15 min。

（12）25000 g 转速下离心 20 min 后，取上清液用于定量。

4.1.3.4 蛋白定量检测

（1）BSA 稀释。BSA 稀释方法按表 4-1 处理，每管牛血清白蛋白稀释后总体积为 50 μL。

表 4-1 BSA 稀释方法

编　号	1	2	3	4	5	6
3.5 mg/mL 牛血清白蛋白/μL	0	4	8	12	16	20
裂解液/μL	20	16	12	8	4	0
双蒸水/μL	30	30	30	30	30	30
标准蛋白浓度/mg·mL^{-1}	0	0.28	0.56	0.84	1.12	1.40

（2）样品稀释。将浮萍蛋白样品按表 4-2 进行稀释，每管样品稀释后总体积为 50 μL。

表 4-2 浮萍蛋白样品稀释

编　　号	2.5 倍稀释	5 倍稀释	10 倍稀释	15 倍稀释	20 倍稀释
原样品浓度/mg·mL^{-1}	<3.5	<7	<14	<21	<28
加样量/μL	20	10	5	10/3	2.5
裂解液/μL	0	10	15	50/3	17.5
双蒸水/μL 稀释	30	30	30	30	30

（3）盐酸稀释：1 mL 双蒸水 H_2O 中加入 10 μL 浓盐酸。

（4）将稀释好的样品和 BSA 分别取 5 μL，在加入 20 μL 稀释好的盐酸涡旋混匀。

（5）在上述每管中加入 875 μL 稀释好的染液（染液中加入 4 倍的双蒸水 H_2O 稀释），混匀，放置 5min。

（6）用酶标仪在 595 nm 吸光度下检测。

4.1.3.5 蛋白酶解

（1）蛋白定量后取 200 μg 蛋白溶液置于离心管中。

（2）加入 4 μL Reducing Reagent，60 ℃反应 1 h。

（3）加入 2 μL Cysteine-Blocking Reagent，室温 10 min。

（4）将还原烷基化后的蛋白溶液加入 10 K 的超滤管中，12000 g 转速下离心 20 min，弃掉收集管底部溶液。

（5）加入 iTRAQ 试剂盒中的 Dissolution Buffer 100 μL，12000 g 转速下离心 20 min，弃掉收集管底部溶液，重复 3 次（为节省试剂，这步可以将 Dissolution Buffer 用水稀释 5 倍后使用）。

（6）更换新的收集管，在超滤管中加入胰蛋白酶，总量 4 μg（与蛋白质量比 1：50），体积 50 μL，37 ℃反应过夜。

（7）次日，12000 g 转速下离心 20 min，酶解消化后的肽段溶液离心于收集管底部。

（8）在超滤管中加入 50 μL Dissolution Buffer，12000 g 转速下再次离心 20 min，与上步合并，收集管底部共得到 100 μL 酶解后的样品。

4.1.3.6 iTRAQ 标记

（1）从冰箱中取出 iTRAQ 试剂，平衡到室温，将 iTRAQ® 试剂离心至管底。

（2）向每管 iTRAQ® 试剂中加入 150 μL 异丙醇，涡旋振荡，离心至管底。

（3）取 50 μL 样品（100 μg 酶解产物）转移到新的离心管中。

（4）将 iTRAQ 试剂添加到样品中，涡旋振荡，离心至管底，室温反应 2 h。

（5）加入 100 μL 水终止反应。

（6）为了检测标记效率及定量准确性，从 4 组样品中各取出 1 μL 混合，用 Ziptip 脱盐后进行 MALDI-TOF-TOF 鉴定，确认标记反应良好。

（7）混合标记后的样品，涡旋振荡，离心至管底。

（8）真空冷冻离心干燥，抽干后的样品冷冻保存待用。

样品标记情况见表 4-3。

表 4-3 样品标记情况

编号	时间/h	标记试剂标签
1	0	115
2	2	116
3	5	117
4	24	118
5	72	119

4.1.3.7 酶解肽段 SCX 预分离

（1）混合标记后的样品用 50 μL 流动相 A 溶解，14000 g 转速下离心 20 min，取上清液待用。

（2）使用 400 μg 酶解好的 BSA 进行分离，检测系统情况。

（3）取 50 μL 准备好的样品上清样。

（4）流速 0.7 mL/min，分离梯度见表 4-4。

表 4-4 流动相 B 的占比（一）

时间/min	流动相 B 的占比/%
0	5
5	8
35	18
62	32
64	95
68	95
72	5

4.1.3.8 纳升级反相色谱-TripleTOFTM 5600 进行蛋白质分析

（1）根据紫外监测情况，将 RP 分离得到的组分合并为 10 个，合并时采用 30 μL、2% ACN，0.1% FA，加入第一个离心管，涡旋振荡并离心后，转入第二个离心管，依次直至合并组分最后一管。

（2）12000 g 转速下离心 10 min，吸取上清液上样。

（3）上样体积 8 μL，采取夹心法上样。

（4）Loading Pump 流速 2 μL/min，15 min。

（5）分离流速 0.3 μL/min，分离梯度见表 4-5。

表 4-5 流动相 B 的占比（二）

时间/min	流动相 B 的占比/%
0	5
0.1	10
60	25
85	48
86	80
90	80
91	5
101	5

（6）质谱参数设置方法如下：

1）源气参数（根据不同仪器状态进行优化），以下为设定值。

2）离子喷射电压 2.3 kV；气体 1：4；气帘：35；去簇电位：100。

3）飞行时间质谱：质荷比为 350～1250，累积时间为 0.25 s。

4）模式选择为产品离子扫描。

5）数据依赖型扫描数 30，质荷比 100~1500，累积时间 0.1 s，动态排除时间 25 s，滚动碰撞能量为激活的，使用 iTRAQ 试剂时调整碰撞能量为激活的，扩展碰撞能量参数设置为 5。

4.1.3.9 质谱数据分析

（1）数据库。数据库的选择是以所需物种、数据库注释完备性及序列可靠性为参考依据的，在本实验中进行了三次数据库搜索，选择数据库分别来自 NCBI（www. ncbi. nlm. nih. gov）的 NCBI-*Lemnoideae* database、NCBI subset whole plant fasta database（数据库本版为 plant_ protein_ faa_ 2013_ 04）和基于先前转录组数据建立的蛋白质序列数据库。

（2）检索软件。iTRAQ 的质谱分析是由 AB Sciex TripleTOF^{TM} 5600 型质谱完成，产生的质谱原始文件采用 AB Sciex 公司的配套商用软件 ProteinPilot 4.0 处理。检索参数设置见表4-6。

表4-6 检索参数设置

参数	值
样品类型	同位素标记相对和绝对定量 8 复合物（肽标记）
酶	胰蛋白酶
半胱氨酸	烷基化，游离硫醇被封闭
物种	植物
蛋白检测阈值	0.05
错误发现率测定	错误发现率 1%的蛋白质和错误发现率 5%的不同多肽
肽质量耐受性	20 ppm（2×10^{-4}%）
最大缺失沟	1

4.1.3.10 基本鉴定信息统计

按照 Ford 文章中提到的方法，根据报告离子的峰面积来测定肽段离子的相对丰度。对识别的蛋白质进行定量分析，将不同时间点样品的同一蛋白的表达量进行比较分析，那些倍数改变大于 1.2 倍或者小于 0.8 倍，且经统计分析其 $p <$ 0.05 的蛋白质定义为差异表达的蛋白质。将蛋白组表达结果和前期的转录组分析结果相结合，进行相关性分析。在寡营养处理后，对各个蛋白在不同组样品间的表达量进行分析，结合前期的生理生化分析，从多个层次解析生物学机制。

4.1.3.11   GO 分析

Gene Ontology（简称 GO）是一个国际标准化的基因功能分类体系，提供了一套动态更新的标准词汇表（Controlled Vocabulary）来全面描述生物体中基因和基因产物的属性。GO 总共有三个部分，分别描述基因参与的生物过程（Biological Process）、亚细胞定位（Cellular Component）和分子功能（Molecular Function）。本实验用 BLAST2GO 软件对识别的蛋白进行功能注释，再用 WEGO（http：//wego. genomics. org. cn/cgi-bin/wego/index. pl）对胁迫响应的差异蛋白进行 GO 功能分类分析，并对三个基因本体 ontology（cellular component，biological process，molecular function）中的 GO 条目进行统计。

4.1.3.12   Pathway 分析

在生物体内，存在着大量的代谢、调控和信号转导过程，这些过程往往形成一条条不同的通路（pathway），基于 Pathway 的分析有助于了解发生差异变化蛋白质所在的生物学进程位置。KEGG 是有关 Pathway 的主要公共数据库，通过 Pathway 分析能确定蛋白质参与的最主要生化代谢途径和信号转导途径。根据 Liu 的计算公式，将所有识别的蛋白质链接 KEGG（Kyoto Encyclopedia of Genes and Genomes）数据库，进行 KEGG 通路富集分析，计算公式为：

$$P = 1 \sum_{i=0}^{m-1} \frac{\binom{M}{i}\binom{N-M}{n-i}}{\binom{N}{n}}$$

式中，N 为含有 KEGG 通路注释信息的所有蛋白质数量；n 为含有 KEGG 通路注释信息的差异调节蛋白数量；M 为具有一个给定 KEGG 通路注释的蛋白数量；m 为具有一个给定 KEGG 通路注释的差异调节蛋白数量。

在 KEGG 通路中，当 $p < 0.05$ 时被认为是由响应寡营养处理蛋白富集的 KEGG 通路。进一步对相关胁迫影响的通路进行详细分析，确定通路中具体酶的表达变化和代谢流向。

4.2   结果与讨论

4.2.1   蛋白质定量

不同处理时间的浮萍样品蛋白质浓度测定结果见表 4-7。

表 4-7 寡营养处理下 5 个样品的蛋白浓度

时间/h	0	2	5	24	72
蛋白浓度/mg·mL^{-1}	7.95	9.16	6.07	9.14	6.50

4.2.2 鉴定质量评估

肽段的质量数及电荷数信息统计如图 4-2 所示。

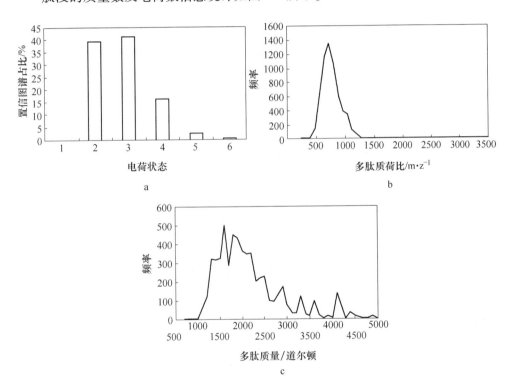

图 4-2 肽段电荷数、质荷比及质量数分布统计

a—前体电荷分布；b—置信多肽的质荷比分布；c—置信多肽的质量分布

从图 4-2 中可以看出，肽段多以 2$^+$、3$^+$ 和 4$^+$ 电荷及以上形式存在，质荷比最高频率为 700 附近，肽段分子量最多分布在 1500~2500 之间，初步说明样品酶解得当，仪器能覆盖绝大多数肽段信息。半胱氨酸还原烷基化和酶解结果显示，Cys 反应效率几乎达到 100%，两端均不是理论酶解残基的肽段比例仅为 0.2%，没有两个以上漏切的多肽，说明酶的用量及反应时间等条件控制良好。

肽段的质量偏差分散和统计结果如图 4-3 和表 4-8 所示。

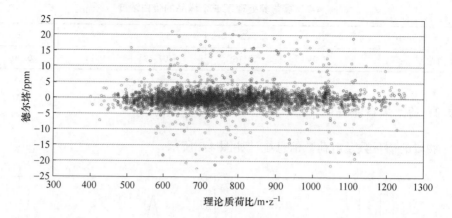

图 4-3   前体肽段质量数偏差分散图

表 4-8   肽段质量偏差统计结果

条　　目	标准偏差	均方根误差	平均误差
德尔塔质荷比错误率	0.00116	0.00118	−0.00021
德尔塔百万分之一错误率	1.54	1.58	−0.31
德尔塔开方质荷比错误率	2.05×10^{-5}	2.09×10^{-5}	-3.94×10^{-6}

从以上结果可以看出，实验过程中，测得的肽段质量数偏差小且稳定，包括高低丰度肽段在内的大多数肽段质量偏差在 1.5 ppm（1.5×10^{-4}%）之内，表明了仪器的高质量准确度及稳定性良好。

肽段的累积鉴定质谱统计结果如图 4-4 所示。

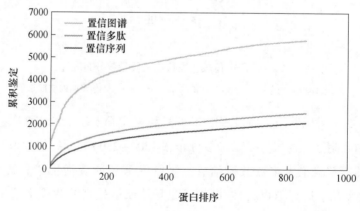

图 4-4   肽段累积鉴定质谱统计结果　　　　　　图 4-4 彩图

肽段的质谱鉴定是依据一级离子和二级离子进行的，每一个二级谱峰对应一张谱图，一个肽段则是由多张谱图鉴定的。肽段对应的谱图越多，则该肽段的可信性越高，而且肽段被多次覆盖，则该肽段对应的序列可信性越高。从图4-4彩图中可以看出，在此次质谱分析中，肽段所对应的谱图数较多（即绿色线高度远超蓝色线），且肽段之间的冗余度并不高（蓝色线略高于红色线），表明质谱的扫描速度很高，并且色谱对肽段的分离较好。

4.2.3 蛋白质识别

（1）将原始质谱数据和NCBI-*Lemnoideae* database 数据库匹配后，识别较少的蛋白质，总数为135，识别率太低。

（2）进一步扩大数据库，将原始质谱数据和NCBI subset whole plant fasta database（NCBI plant protein faa 2013_04）数据库匹配，结果见表4-9。

表4-9　基于NCBI全植物库后搜索的蛋白识别结果

编号	内　容	数量
1	谱图总数	85662
2	质控后肽段总数	3006
3	质控后蛋白质总数	863

（3）我们根据前期做的转录组数据的转录本，通过6框翻译所有转录本的开放阅读框（ORFs），构建了一个新的蛋白质序列数据库。将原始质谱数据和此库进行匹配搜索，总共识别了2015个蛋白质。相比之下，蛋白质鉴定率提高了133%，也超过了浮萍科叶绿体基因组预测的1994个蛋白。其详细结果见表4-10。

表4-10　搜索基于转录组数据库后的蛋白识别结果及各组间差异蛋白统计结果

比较组	美国国家生物技术信息中心植物数据库	新数据库
2 h 和 0 h	3	46
5 h 和 0 h	0	80
24 h 和 0 h	5	48
72 h 和 0 h	13	82
5 h 和 2 h	1	88
24 h 和 5 h	3	43

续表 4-10

比较组	美国国家生物技术信息中心植物数据库	新数据库
72 h 和 24 h	7	34
差异表达蛋白数	18	215
识别蛋白总数	863	2015

基于转录组数据构建一个蛋白序列数据库提高了蛋白质识别，是本研究的一个亮点。由于本研究是浮萍领域的第一个蛋白组分析，我们遇到了很多从未预料的问题。从 4.2.2 小节的鉴定质量评估可以看出，蛋白样品酶解得当，肽段分离效果较好、分布均匀、覆盖度较大，且肽段质量数偏差小且稳定，肽段之间的冗余度不高，肽段序列可信性较高，肽段所对应的谱图数较多。另外，iTRAQ 的定量准确性很大程度上还取决于样品的标记效率，而从质谱中得到的赖氨酸（K）上的修饰统计，表明标记效率已经达到 99% 以上。因此，我们推断大量的谱图未得到蛋白识别是参考库缺乏而引起的。于是，我们在研究策略上进行了改进，突破了蛋白质识别的瓶颈，特别是对后续还未进行全基因组测序的非模式植物开展蛋白组分析具有非常大的参考价值。从以上三种方法的匹配结果可以看出，当缺乏参考基因组时，根据转录组数据建立物种特异性的蛋白质序列数据库可以大大提高蛋白识别率。此方法特别适合于那些还未进行全基因组测序，但又需要研究分析其不同胁迫或者不同生长期的基因表达情况的蛋白组分析的物种。相应的成功案例在动植物中有部分报道，如草苔虫（*Bugula neritina*）和博罗回（*Macleaya cordata and Macleaya microcarpa*）也采取了相关的研究策略。

4.2.4 差异蛋白结果

对识别的所有蛋白质进行定量分析，将不同时间点的同一蛋白的表达量进行对比分析，设定量阈值改变倍数为大于 1.2 倍或小于 0.8 倍且 $P<0.05$ 定义为差异表达的蛋白质。在所有组对比中，总共鉴定了 215 个差异表达的蛋白质，其中有 172 个上调表达、43 个下调表达。不同组的差异蛋白数量见表 4-10。

4.2.5 GO 分类

对差异表达的蛋白质进行基因本体（Gene Ontology：GO）分类分析，将 215 个差异蛋白分类到三个大的组别：细胞组分、分子过程和生物学过程，详细如

图 4-5 所示。虽然差异蛋白分类到多个类别中，但是在不同组别中均有显著富集。在细胞组分组别中，主要富集在细胞和细胞部分，分别占 60.9% 和 59.1%；在分子功能组别中，主要富集在催化性能（60.0%）和结合性能（56.7%）；在生物学过程中，最显著富集的 GO 条目包括代谢过程和细胞过程，分别占比 76.7% 和 45.6%。进一步分析代谢过程中的蛋白质，可以发现其中有 24 个蛋白质富集在碳水化合物代谢过程，11 个富集在次生代谢过程。这两个代谢过程非常重要，有助于我们分析淀粉积累和木质素与黄酮生物合成。因此，需要在代谢通路上对相关蛋白的表达量进行详细分析。

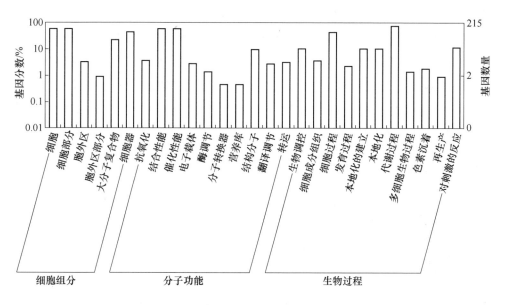

图 4-5 GO 分类分析 215 个差异表达的蛋白

4.2.6 蛋白组与转录组相关性分析

对寡营养处理下浮萍蛋白质和转录本表达进行比较分析时，发现两者虽然在表达丰度上有显著差别，但在变化趋势上有很好的相关性。有趣的是，大多数识别的参与光合作用和呼吸作用的蛋白在趋势上和转录本的表达水平相一致。例如，细胞色素 f 和 NADP-依赖的异柠檬酸脱氢酶。再者，参与淀粉代谢通路的许多酶，例如 ADP-葡萄糖焦磷酸化酶（EC: 2.7.7.27；AGP）、颗粒结合型淀粉合成酶（EC: 2.4.1.11；GBSS）及 α-葡聚糖磷酸化酶（EC: 2.4.1.1；GP）等在蛋白和转录水平均有上升的表达趋势，它们的上升表达有助于浮萍高淀粉积累。相似地, 参与苯丙烷类生物合成途径的大多数酶, 例如查尔酮合成酶 (EC: 2.3.1.74; CHS)、肉桂酰-辅酶 A 还原酶 (EC: 1.2.1.44; CCR) 及漆酶 (EC: 1.10.3.2; LACC) 等的表达趋势在两个水平也具有很好的相关性。此外, 蛋白组和转录组的表达水平也有不相一致的方面。例如, 可溶性淀粉合成酶 (EC: 2.4.1.21; SSS) 的蛋白表达水平上升了, 而转录本的表达水平却没有显著的改变。这种情况是很合理的, 有以下原因可以解释。首先, 因为蛋白是功能的执行者而 mRNA 只是基因表达的中间体, 因此蛋白和 mRNA 在不同的表达时期有不同的表达顺序和丰度, 而且表达过程还包括转录后修饰、翻译及翻译后调控。其次, 全基因信息的缺乏也会影响一些特异蛋白的识别。最后, 现有的技术在两种水平上识别和定量 DNA 的转录表达时存在一定的局限性, 很难完全展现它们实际的表达水平。更加重要的是, 我们的蛋白组结果能够提供一个比其他方法更接近生理现象的更加直接的表达模式。尽管和转录组数据的变化有一些不一致的情况, 但我们的不同时间点的蛋白组结果更加接近真实水平, 也支持浮萍响应寡营养处理的生理生化改变。

4.2.7 光合作用相关酶的表达分析

参与光合作用的许多酶蛋白表达水平下调, 此结果和光合速率结果相一致。在 72 h 和 24 h 样品中, 参与光合系统Ⅰ和Ⅱ的一系列蛋白 (包括光合系统Ⅰ反应中心亚基Ⅱ、光合系统Ⅱ稳定性组装因子叶绿体、光合系统Ⅰ反应中心亚基Ⅲ和光合系统Ⅰ p700 脱辅基蛋白 a_1) 的表达水平和对照组相比, 分别降低至初始的 0.70、0.72、0.64 和 0.69。类似地, 在 24 h 和 5 h 样品中, 细胞色素 f 的表达水平降低至 0.76, 核酮糖 1,5-二磷酸羧化酶/加氧酶 (RuBisCO) 是光合作用中参与 CO_2 固定的最重要的酶。而在 24 h 对比 5 h 样品中, Rubisco 亚基结合蛋白 α 和 rubisco 亚基结合蛋白 β 均轻微地提高了 1.25 倍。我们分析了糖酵解和三羧酸循环 (TCA cycle) 有关的调节酶蛋白表达情况。在 24 h 和 72 h 样品中, 参与糖酵解反应的叶绿体磷酸甘油酸激酶和乙醇脱氢酶的表达水平和对照相比分别下调至 0.73 和 0.69。在三羧酸循环中, 二氢硫辛酰胺脱氢酶, 作为丙酮酸脱氢酶复合体的一部分, 在 2 h 样品中其表达水平降低至对照的 0.69。NADP-依赖的异柠檬酸脱氢酶也在 72 h 和 24 h 样品中降低至 0.79。光呼吸中的关键酶, 丝氨酸乙醛酸氨基转移酶在 24 h 和 5 h 样品中降低至对照的 0.74。此外, ATP 硫酸化酶在 72 h 样品中降低至对照的 0.74, 除了三个 ATP 合成酶 (ATP synthase beta chain，ATP synthase f1 subunit 1，和 delta subunit）有例外，分别上调了 1.22 倍、1.32 倍和 1.27 倍。

通常，植物会共享一些相同的响应机制来适应非生物胁迫诱导的环境变化，这个适应性的响应是植物综合调节的结果。起初，当植物感受到营养缺乏的时候，它会启动相应的转运蛋白上调表达来提高营养获取。在我们的研究中也发现，反式-膜转运蛋白在寡营养处理 72 h 后上调表达了 1.37 倍。然而，这些响应未能解决植物营养缺乏状态。植物然后重新分布各器官中的营养元素，重新分配生物质比例以及延长根来提高矿物元素获取。同时，它们也会选择需要更少矿物营养的其他代谢通路来维持生存。例如，光合作用和呼吸作用同时降低，伴随着叶绿素含量减少和 ATP 酶活性降低。

4.2.8 热图分析淀粉及木质素合成的相关差异蛋白

首先，对 24 个淀粉合成相关的差异蛋白进行层次聚类分析，结合 GO 注释并用 R 语言作图，结果如图 4-6 所示。

不同组别样品之间的差异蛋白的上调或下调表达情况可以在热图中直观地展示，并可以看出其随处理时间的表达变化趋势，还可以对不同组之间的差异蛋白进行同源性和表达相似度分析。从图 4-6 可以看出，时间点越接近的两组蛋白，其变化相似度越高；同源性越高的蛋白质，其表达差异越小。

其次，对 11 个木质素和黄酮合成相关的差异蛋白进行热图分析，结果如图 4-7 所示。

类似结果可以看出，时间点越接近的两组蛋白，其表达水平相似度越高。从图 4-7 中可以看出 24 h 和 5 h 与 72 h 和 24 h 两组样品比较中相关蛋白酶的表达最接近；而且同源性越高的蛋白质，其表达差异越小。

4.2.9 淀粉代谢中相关酶的表达分析

浮萍在寡营养处理下淀粉和蔗糖代谢通路中相关酶的蛋白组表达情况如图 4-8 所示。

从图 4-8 可以看出，淀粉、纤维素、蔗糖和海藻糖等均从底物 α-D-葡萄糖-1-磷酸开始合成。首先，淀粉合成相关的关键酶 ADP-葡萄糖焦磷酸化酶（EC：2.7.7.27；AGP）、颗粒结合型淀粉合成酶（EC：2.4.1.11；GBSS）和可溶性淀粉合成酶（EC：2.4.1.21；SSS）的蛋白表达水平均显著上升，如图 4-8 彩图中

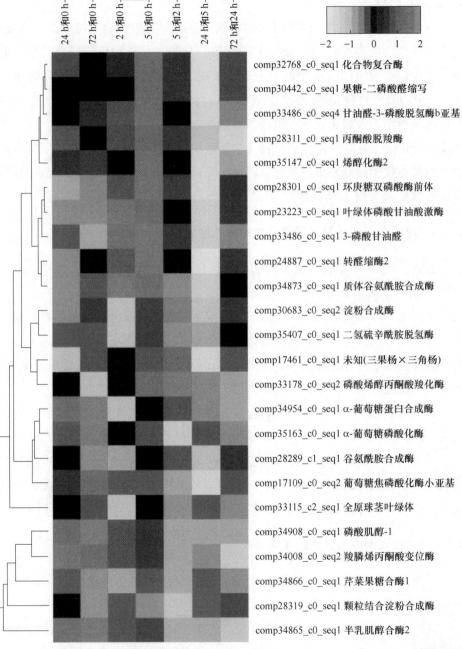

图 4-6　热图分析淀粉合成相关的蛋白酶表达

(图中显示与碳水化合物代谢过程相关的 24 个蛋白质的差异表达水平,
基于其在不同比较组之间比值不同而显示出不同的颜色)

图 4-6 彩图

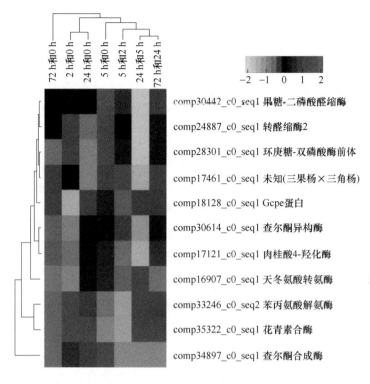

图 4-7 热图分析黄酮和木质素合成相关的蛋白酶表达

(图中显示与次生代谢过程相关的 11 个蛋白质的差异表达水平，
基于其在不同比较组之间比值不同而显示出不同的颜色)

图 4-7 彩图

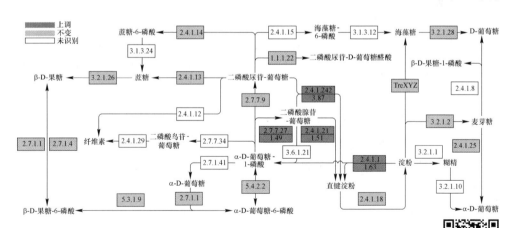

图 4-8 碳代谢相关酶的表达模式分析

(图中小框的上层数字对应于该酶的 EC 编号，小框的下层数字对应于该酶在 72 h 样品
和对照 0 h 样品的蛋白质表达变化水平的比值(2.4.1.21 除外，对应的倍数是 5 h 和 2 h))

图 4-8 彩图

红色所示。AGP 在 ADP-葡萄糖的合成和运输中发挥着至关重要的作用，它主要由两个相同的大亚基（AGP-LS）和两个相同的小亚基（AGP-SS）组成。AGP-LS 有一个变构中心来负责调节 AGP 对底物的敏感性，而 AGP-SS 负责调节 AGP 的催化活性。SSS 和 GBSS 分别主要参与支链淀粉和直链淀粉的生物合成。本实验结果显示，和对照相比，在寡营养处理 72 h 后，AGP-SS 表达量增加了 1.49 倍。特别地，GBSS 的酶蛋白表达量增长最明显，增加了 3.87 倍。相似地，在 5 h 和 2 h 样品的比较中，SSS 的表达量增加了 1.51 倍。同时，非关键性的 α-葡聚糖磷酸化酶（EC：2.4.1.1；GP）也有相似的表达丰度，在处理 72 h 后，其表达量增加了 1.63 倍。另外，与淀粉合成相关的酶表达变化不同，淀粉降解相关的关键酶的表达变化则不显著。淀粉降解主要由淀粉酶（amylase；AMY）所催化，其包括 α-淀粉酶（EC：3.2.1.1；α-AMY）和 β-淀粉酶（EC：3.2.1.2；β-AMY）两类。在淀粉降解过程中 β-AMY 起主要作用，其表达量普遍比 α-AMY 更高。其中，β-AMY 酶的变化不显著，而 α-AMY 未被识别。最后，在与淀粉合成竞争底物的其他碳水化合物旁路合成分支中，如纤维素、蔗糖和海藻糖的合成，相关酶的蛋白表达水平不变或未识别，如图 4-8 彩图中灰色和白色所示。参与蔗糖合成的蔗糖合成酶（EC：2.4.1.13；SuSy）和蔗糖磷酸化合成酶（EC：2.4.1.14；SPS）没有显著性改变，而蔗糖-6-磷酸磷酸酶（EC：3.1.3.24；SPP）未被检测到。催化纤维素合成的纤维素合成酶（EC：2.4.1.12；CESAs）以及催化海藻糖合成的海藻糖-6-磷酸合成酶（EC：2.4.1.15；TPS）和海藻糖-6-磷酸磷酸酶（EC：3.1.3.12；TPP）也未被检测出。

我们首次开展了浮萍的蛋白组分析，并结合蛋白组分析、先前的转录组数据、酶活分析和组分表征，从四个水平系统地研究了寡营养处理下浮萍的高淀粉积累。首先，组分表征显示了淀粉含量在 72 h 内快速地从初始 3.0% 增长到 33.5%。计算可得在 168 h，每瓶的淀粉总量从 1.5 mg 增加到 63.5 mg，增长了 42.3 倍。其次，酶活分析也表明淀粉合成的关键酶 AGP 和 SSS 的酶活性分别增加了 52.8% 和 38.2%，而淀粉降解的主要关键酶 β-AMY 的酶活性在 168 h 内从 69.37 U/mg 降低至 33.01 U/mg，降低了 52.4%。最后，在转录组水平发现，编码 AGP-LS、AGP-SS 和 GBSS 的转录本表达量在 24 h 也有所上升。编码 α-AMY 和 β-AMY 的转录本的表达水平分别降低了 74.4% 和 29.7%。更为重要的是，蛋白组数据也展示了和上面一致的趋势。一方面，AGP-SS、GBSS、SSS 和 GP 的蛋白表达在 72 h 均上调；另一方面，β-AMY 没有显著的改变，α-AMY 没有被检测到蛋白表达。此外，和淀粉合成竞争底物葡萄糖的其他旁路合成分支中的调节酶，包括 SuSy、SPP 和 CESAs 的蛋白表达也没有显著的改变。我们推断许多酶没有被检测出是因为它们非常低的表达水平，低于质谱的检测下限而造成的。这些结果进一步证实了浮萍淀粉积累主要来自这些酶因为响应环境胁迫而改变表达水平，比如一些酶上调表达、一些酶下调表达而产生的综合效果。当考虑寡营养处理下的综合变化时，我们推断浮萍抑制细胞呼吸，调节生长状态，以及改变碳水化合物代谢流朝向淀粉积累；这些结果表明，浮萍在寡营养下不断吸收光能和固定 CO_2，伴随着抑制呼吸消耗，重新定向代谢流至合成和储存淀粉。在生物质能源领域，藻类相关的组学研究较多，但大部分仅限于差异表达分析，少有涉及代谢通路中具体酶表达和代谢流向分析。通过对通路的具体分析，对于生物学意义和相关分子机制的解析无疑具有更加重要的意义。

4.2.10 黄酮和木质素合成通路中相关酶的表达分析

浮萍的木质素含量非常低，大约占其干重的 2%，相比其他植物低很多，这个优秀特征满足了能源植物低加工成本的需要。黄酮在生物合成过程中和木质素享有共同的苯丙氨酸前体，植物体内的黄酮有助于植物抵抗致病菌和食草动物，是一种潜在的药物成分。我们对黄酮和木质素合成通路中相关酶的蛋白表达情况进行了详细分析，结果如图 4-9 所示。

从图 4-9 中可以看出，黄酮和木质素的合成都来自苯丙氨酸前体，前期具有共同的通路，而在后期进行分支，分别合成黄酮和木质素。在共同通路中，关键酶（PAL 和 C4H）的蛋白表达水平均显著上升，如图 4-9 彩图中红色所示，特别是第一个关键酶 PAL 增长最明显，达到 3.34 倍。在黄酮合成分支中，黄酮合成的第一个和第二个关键酶其蛋白表达均增加。在寡营养处理 72 h 后，CHS 和 CHI 酶的蛋白表达量增加，分别增加了 2.00 倍和 1.79 倍，而且其他非关键性的酶也有所增加。在木质素合成分支通路中，所有酶均未变或者未识别出，如图 4-9 彩图中虚线框灰色和白色所示。木质素合成的第一个关键酶 CCR，其蛋白表达没有显著性变化，其他的酶如 CAD 和 LACC 等，相关酶的蛋白表达水平不变或未识别。

蛋白组结果和先前的转录组数据、总黄酮含量变化情况相一致，总黄酮含量测定可高达 5.56%，这使得浮萍可作为一种潜在的黄酮提取资源。转录组结果也显示编码参与黄酮合成的酶的转录本表达水平比参与木质素合成的酶的转录本表

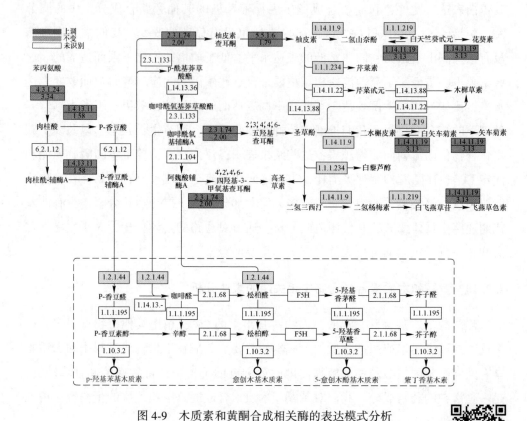

图 4-9　木质素和黄酮合成相关酶的表达模式分析

（图中小框的上层数字对应于该酶的 EC 编号，小框的下层数字对应于该酶
在 72 h 样品和对照 0 h 样品的蛋白质表达变化水平的比值（2.3.1.74 除外，
对应的是 72 h 和 24 h 的倍数），虚线框代表木质素合成分支）

图 4-9 彩图

达水平更高。更重要的是，在蛋白水平，参与黄酮合成的酶显示上调表达，而参与木质素合成分支的酶除了 CCR 表达不变外其余未被检测出。参与木质素合成最后一步的关键酶漆酶，广泛分布在细菌、真菌、高等植物和昆虫等体内。研究发现，来源于不同物种漆酶的多肽序列非常保守，主要包括一个半胱氨酸、十个组氨酸以及周围连接多个铜离子的氨基酸。因为所有样品中木质素合成分支的酶均未被检测，所以我们推断主要是因为这些酶非常低的表达丰度，低于 iTRAQ 检测下限造成的，而不是因为实验中取样不充分，或者蛋白酶降解及浮萍序列特异性引起的。寡营养调节这些酶的低表达有助于黄酮积累而减少木质素合成，最终导致浮萍具有高的黄酮含量和非常低的木质含量，浮萍低木质素的特征也体现了其作为生物能源作物的巨大优势。

4.3 小　　结

在本章节实验中，我们运用蛋白组方法研究了浮萍对寡营养处理的响应，基于前期寡营养处理下浮萍转录组数据构建一个蛋白序列数据库提高了蛋白识别，蛋白组结果直接并强有力地证明了浮萍快速的高淀粉积累、高黄酮含量和低木质素含量来自相应通路中酶的调节表达和代谢流变化的协同结果。相关结果和前期的转录组数据、酶活分析及生理测定结果具有很好的一致性，这些结果对于浮萍的相关研究非常有意义，帮助我们理解了浮萍高淀粉积累、高黄酮含量和低木质素含量的分子机制，而且有助于少根紫萍在能源作物和药用资源开发领域的开发利用。

5 烯效唑处理下少根紫萍蛋白组分析

浮萍作为生物燃料生产原料的开发利用已引起广泛的关注。可再生生物燃料如生物乙醇，可以减少温室气体排放，并能满足全球对能源的强烈需求。由于传统商业生产乙醇主要集中在使用淀粉基和糖基来源的如玉米、甘蔗、木薯和红薯等原料，然而，围绕这些原料存在有诸多争议。浮萍，作为全球适应性的水生植物，由于其高淀粉含量和非常低的木质素含量，是生产生物乙醇的潜在替代原料。浮萍已广泛用于生活污水和工业废水等废水处理，所产生的生物质在去除营养物的同时也适合于生物燃料的生产。浮萍生长速度非常快，在热带地区其相对生长速度可达 12 g 干重/($m^2 \cdot d$)；年平均增长率为 7.26 g 干重/($m^2 \cdot d$)，年产量可达 26.50 t/ha。淀粉含量高，通过调节生长条件，如 pH 值、磷酸盐浓度及营养缺乏，可以积累淀粉至干重的 75%。目前，也有非常多的关于浮萍研究及应用的报道。

植物生长调节剂（Plant Growth Regulator，PGR）已经被广泛地用于调节植物生长和提高作物产量。为了在大规模培养下提高浮萍的生物质和淀粉积累，我们也利用了植物生长调节剂来调节其生长，对超过 20 种植物生长调节剂在不同浓度梯度下进行系统的筛选；结果发现，在通过叶面喷洒施加 800 mg/L 浓度的烯效唑时，得到的浮萍生物质增长最快、淀粉含量最高。烯效唑，作为一种三唑类化合物，也越来越多地应用于农业中增强植物抗逆性和提高作物质量。类似地，前人实验发现烯效唑也显著地提高了马铃薯块茎约 8% 的淀粉含量及莲藕根茎淀粉粒积累。植物通过改变各种生物化学和生理学过程以响应烯效唑处理，但是其分子机制仍不清楚。迄今为止，很少有研究将烯效唑与内源激素合成酶的表达联系起来，烯效唑如何引起相关内源性激素的变化及激素如何调节淀粉代谢最终导致高淀粉积累也未见报道。

生物信息学，如转录组和蛋白质组学，由于它可以提供关于基因表达的全部信息，因此是非常有用的学科。众所周知，对于非模式植物而言，由于缺乏遗传转化体系，因此很难阐明其代谢机制。而生物信息学技术却可以提供某一条件下的全部基因表达信息，是一个强有力的技术来分析非模式植物的代谢通路。蛋白质，作为功能的执行者，最接近相关的生理变化。因此，通过蛋白组技术研究下游的蛋白表达更加直接，也更加重要。我们先前寡营养处理下的浮萍蛋白组研究解析了其高淀粉的积累、高黄酮含量和低木质素含量。但是，我们还不知道浮萍在喷洒烯效唑处理的情况下是如何实现高淀粉积累的。在本研究中，我们运用相对和绝对定量同位素标记技术（iTRAQ）对烯效唑处理的浮萍进行了蛋白质组分析。这些结果可以提供大量关于烯效唑处理下激素变化和淀粉积累分子机制的相关信息，从而可以进一步促进浮萍在生物质能源领域的开发利用。

先前从二十多种植物生长调节剂中系统地筛选发现，烯效唑在促进浮萍生物质生长和淀粉积累方面效果最为显著。为了了解烯效唑如何引起浮萍淀粉快速积累，我们运用了 iTRAQ 蛋白组分析技术对经烯效唑处理的浮萍蛋白表达水平进行了研究，对总蛋白进行识别、差异蛋白 GO 功能注释和 Pathway 富集分析后，进一步对蛋白组表达与转录组进行关联性分析；结合生理生化分析，包括激素含量和淀粉含量测定，进而对内源性激素合成通路和淀粉代谢通路中相关酶的表达量进行分析。

本章从组分表征、酶学分析、转录组和蛋白组四个水平对烯效唑处理下浮萍高淀粉积累的分子机制进行系统的解析，结果表明：

（1）基于转录组数据建立蛋白质搜索库增加了蛋白质识别，总共鉴定到了3327 个蛋白。代谢通路富集分析显示二萜的生物合成、类胡萝卜素的生物合成、玉米素的生物合成及淀粉和蔗糖代谢途径均得到显著富集，这些代谢途径均直接或间接地参与烯效唑诱导的植物内源性激素变化和淀粉的合成与降解。

（2）激素含量测定发现，脱落酸（ABA）和玉米素-核糖核苷（ZR）的含量升高，而赤霉素（GA）的含量降低。在所有样品中，ABA 的含量最高，且增长最明显，随着烯效唑处理时间延长，ABA 含量从初始的 61.47 ng/g（FW）增加至 240 h 的 166.53 ng/g（FW），是初始量的 2.7 倍。内源性激素合成通路中相关酶的表达量进行分析发现，大多数与 ABA 生物合成途径有关酶的蛋白表达水平上调，有关 GA 和 ZR 生物合成的所有酶均没有显著性差异或未识别。以上结果表明，烯效唑处理可以显著促进内源性激素 ABA 的合成，ABA 的大量增加可能在烯效唑诱导的淀粉积累过程中起主要作用。

（3）成分分析发现，烯效唑处理后干重和淀粉含量显著增加，处理 240 h时，样品的干重和淀粉含量分别增加了 3.1 倍和 15.2 倍。酶活分析显示，淀粉合成相关的酶活在处理后增加，降解相关的酶在处理后均只有较低的活性。淀粉代谢通路中相关酶的表达分析显示，淀粉生物合成的两个关键酶 AGP 和 GBSS 均上调表达；淀粉降解的关键酶 α-淀粉酶在处理后 5 h 下降至对照的 0.79 倍，而 β-淀粉酶在 240 h 增加了 1.34 倍，蛋白组的表达和淀粉变化、酶活数据及前期转录组数据具有很好的一致性。我们结合蛋白组学分析、酶活分析和成分测定等多种技术手段，了解烯效唑处理后浮萍高淀粉快速积累的分子机制，从三种不同层次对这些数据进行了详细的分析和比较。因此，本研究不仅为理解烯效唑处理后激素变化和淀粉积累提供了新的视野，而且还突出了浮萍在生物能源和废水处理方面的潜力。

5.1 材料与方法

5.1.1 材料

本实验用到的浮萍品种少根紫萍 *Landoltia punctata* 0202 收集于四川，保藏于中国科学院成都生物研究所浮萍资源库。

5.1.2 仪器与设备

本实验所用仪器与设备有：GZ-300GS Ⅱ 型智能人工气候箱，韶关广智科技设备发展有限公司；涡旋振荡器（海门市其林贝尔仪器制造有限公司，型号：QL-901）；离心机（Thermo，型号：PICO17）；超声波细胞破碎仪（南京先欧仪器制造有限公司，型号：XO）；酶标仪（Thermo，型号：Multiskan MK3）；恒温孵浴器（上海浦东荣丰科学仪器有限公司，型号：HH.S4）；真空冷冻干燥机（Thermo，型号：SPD2010-230）；RIGOL L-3000 高效液相色谱系统（北京普源精电科技有限公司）；752 分光光度计，上海奥普勒仪器有限公司；FOSS2200 凯氏定氮仪，瑞典福斯公司；高效液相仪，美国热电公司；蒸发光检测器，美国奥泰万谱公司；PhotoLab 6100 分光光度计，德国 WTW 公司；原子吸收光谱仪 Z-2300，日本日立公司；LC-20AB 液相系统，日本岛津公司；LC-20AD 型号的纳升液相色谱仪，日本岛津公司；质谱仪：TripleTOF 5600，AB SCIEX，Concord，ON；移液枪；分析天平；干燥器；称量瓶；锥形瓶；烘箱；冷凝器；小漏斗研钵；超低温冰箱；制冰机；pH 计。

5.1.3 实验步骤

5.1.3.1 浮萍培养及烯效唑处理

浮萍前期扩种培养实验方法参照第 2 章 2.1.3.1 小节。

少根紫萍 *L. punctata* 0202 培养在 1/6 Hoagland （总 *N* 含量为 58.3 mg/L，总 *P* 含量为 25.8 mg/L）培养液中，置于人工气候箱内，设定的培养条件为：白天温度 25℃，16 h 光照，光照强度 130 μmol/（m² · s）；夜间温度 15℃，8 h 黑暗。培养 1 周（7 d）左右，当浮萍生长旺盛时，取出称取 6 g 叶状体转入 1000 mL 的塑料培养皿中（23 cm× 14 cm×4.5 cm），培养液为 1/6 Hoagland 培养液，培养周期为 10 d。烯效唑粉末产自日本 Sumitomo Chemical（Osaka，Japan），购买于奥克生物科技股份有限公司。根据前期筛选结果，将烯效唑溶解于 10 % 的甲醇溶液中，并用水稀释，配置浓度为 800 mg/L。每盆样品取 5 mL 的烯效唑溶液均匀地喷洒在 6 g 的浮萍叶状体表面上，对照组喷洒 5 mL、10% 甲醇溶液。最后选取 13 个不同的时间点取样，分别为 0 h、1 h、2 h、3 h、5 h、7 h、12 h、24 h、48 h、72 h、120 h、168 h 和 240 h，测定这些时间点浮萍样品的成分组成和相关酶活。此外，将这些时间点的样品进行分装，在液氮中速冻，再转至 −80℃ 保存，以备转录组和蛋白组分析研究。该实验每个时间点均独立设置三个生物学重复。根据组分测定和酶活分析结果，选择 0 h、2 h、5 h、72 h 和 240 h 等 5 个时间点收集的样品进行蛋白组分析。

5.1.3.2 浮萍样品蛋白提取

（1）将组织用液氮预冷的砸碎器砸碎。

（2）将砸碎的粉末用液氮研磨。

（3）粉末按照 1∶5（W/V）加入裂解缓冲液，涡旋混匀。

（4）超声 60 s，1 s 开启、1 s 关闭，振幅 22%，室温提取 30 min。

（5）然后 40000 g 转速下于 10℃ 离心 1 h，小心取出上清液。

（6）上清液中加入 4 倍体积的预冷 10% 三氯乙酸（TCA）/丙酮（acetone），置于 −20℃ 过夜沉淀蛋白。

（7）40000 g 转速下于 4℃ 离心 10 min，弃上清液。沉淀用丙酮清洗后离心，再取沉淀物。重复用丙酮清洗 2~3 次，直至样品无色为止。

(8) 将沉淀物真空干燥即得到蛋白干粉，将蛋白干粉溶于适量的裂解缓冲液中，分装后冻存于-80℃。

5.1.3.3 蛋白浓度测量

考马斯亮蓝法定量如下：

(1) 准备 BSA 标准品的标准曲线，10 管的标准品量（0.2 μg/μL BSA）依次为 0 μL、2 μL、4 μL、6 μL、8 μL、10 μL、12 μL、14 μL、16 μL 和 18 μL，向每管添加纯水，使最终体积为 20 μL。第 1 管为不含蛋白的参照，其他管分别含有 0.4 μg、0.8 μg、1.2 μg、1.6 μg、2 μg、2.4 μg、2.8 μg、3.2 μg 和 3.6 μg 蛋白。

(2) 将样品稀释一定倍数至测量范围内，每个样品各取 20 μL 至管中。

(3) 向每管中添加 180 μL 蛋白质分析试剂，混合，室温培养 10 min。

(4) 用酶标仪测量 595 nm 下的吸光度，以第 1 管作参照物，读出每个样品的吸收率。

(5) 依据标准曲线计算出样品浓度。

5.1.3.4 SDS 电泳

配置 12% 的 SDS 聚丙烯酰胺凝胶，每个样品分别与 4×上样缓冲液混合，95 ℃加热 5 min。每个样品上样量为 30 μg，参比样品上样量 10 μg，120 V 恒压电泳 120 min。电泳结束后，用考马斯亮蓝染液染色 2 h，再用脱色液脱色 3~5 次，每次 30 min。

5.1.3.5 蛋白质酶解

(1) 每个样品精确取出 100 μg 蛋白。

(2) 按蛋白∶酶=20∶1 的比例加入胰蛋白酶，37 ℃酶解 4 h。

(3) 按上述比例再补加胰蛋白酶一次，37 ℃继续酶解 8 h。

5.1.3.6 iTRAQ 标记

(1) 胰蛋白酶消化后，用真空离心泵抽干肽段。

(2) 用 0.5 mol/L 溴化四乙铵 TEAB 复溶肽段，按照手册进行 iTRAQ 标记。

(3) 每一组肽段被不同的 iTRAQ 标签标记，室温培养 2 h。

(4) 将标记后的各组肽段混合，用 SCX 柱进行液相分离。

样品标记情况见表 5-1。

表 5-1 样品标记情况

编号	时间/h	标记试剂标签
1	0	114
2	2	115
3	5	117
4	72	119
5	240	121

5.1.3.7 SCX 分离

采用岛津 LC-20AB 液相系统、分离柱为 4.6 mm×250 mm 型号的 UltremexSCX 柱对样品进行液相分离。将标记后抽干的混合肽段用 4 mL 缓冲器 A（25 mmol/L NaH$_2$PO$_4$ 在 25%ACN，pH 值为 2.7）复溶。进入柱子后以 1 mL/min 的速率进行梯度洗脱：先在 5% 缓冲器 B（25 mmol/L NaH$_2$PO$_4$，1 mol/L KCl 在 25%ACN，pH 值为 2.7）中洗脱 7 min，紧跟着一个 20 min 的直线梯度使缓冲器 B 由 5% 上升至 60%，最后在 2 min 内使缓冲器 B 的比例上升至 100%并保持 1 min，然后恢复到 5%平衡 10 min。整个洗脱过程在 214 nm 吸光度下进行监测，经过筛选得到 20 个组分。每个组分分别用 StrataX 除盐柱除盐，然后冷冻抽干。

5.1.3.8 基于 Triple TOF 5600 的 LC-ESI-MS/MS 分析

将抽干的每个组分分别用缓冲器 A（5%ACN，0.1%FA）复溶至约 0.5 μg/μL 的浓度，20000 g 转速下离心 10 min，除去不溶物质。每个组分上样 5 μL（约 2.5 μg 蛋白），通过岛津公司 LC-20AD 型号的纳升液相色谱仪进行分离，所用的柱子柱包括 Trap 柱和分析柱两部分。

分离程序为：先以 8 μL/min 的流速在 4 min 内将样品附加到 Trap 柱上，紧接着一个总流速为 300 nL/min 的分析梯度将样品带入分析柱，分离并传输至质谱系统。先在 5% 缓冲器 B（95% ACN，0.1% FA）下洗脱 5 min，跟着一个 35 min 的线性梯度使缓冲器 B 的比例由 5% 上升至 35%，在接下来的 5 min 内提高到 60%，然后在 2 min 内缓冲器 B 增加到 80%并保持 2 min，最后在 1 min 内恢复至 5%并在此条件下平衡 10 min。使用的机器为 TripleTOF 5600（AB SCIEX，Concord，ON），离子源为 Nanospray Ⅲ source（AB SCIEX，Concord，ON），放射器为石英材料拉制的喷针（New Objectives，Woburn，MA）。

数据采集时，机器的参数设置为：离子源喷雾电压 2.5 kV，氮气压力为

30psi（14.5 psi≈1 bar=10^5 Pa），喷雾气压 15 psi，喷雾接口处温度 150 ℃；扫描模式为反射模式，分辨率不小于 30000；在一级质谱中积累 250 ms 并且只扫描电荷为 2^+~5^+ 的离子；挑选其中强度超过 120 cps 的前 30 个进行扫描，3.3 s 为一个循环；第二个四极杆（Q2）的传输窗口设置为 100Da 处效率为 100%；脉冲射频电的频率为 11 kHz；检测器的检测频率为 40 GHz；每次扫描的粒子信号以四个通道分别记录共 4 次后合并转化成数据；对于 iTRAQ 类项目，离子碎裂的能量设置为（35±5）eV；母离子动态排除设置为：在一半的出峰时间内（约 15 s），相同母离子的碎裂不超过 2 次。

5.1.3.9 质谱数据分析

质谱原始文件采用 AB Sciex 公司的配套商用软件 ProteinPilot 4.0 处理。其中，蛋白质鉴定软件 Mascot（软件版本为 Mascot2.3.02），曾被 Frost/Sullivan 研究机构评为生物质谱软件的黄金标准。操作时以 mgf 文件为原始文件，选择已经建立好的数据库，然后进行数据库搜索。鉴定过程中，各参数选择见表 5-2。

表 5-2 参 数 选 择

参 数	数 值
检索类型	二级质谱离子检索
酶	胰蛋白酶
变量修饰	谷氨酰胺→焦谷氨酸（N-项 Q），氧化（M），同位素标记相对和绝对定量 8 标（Y）
固定修饰	氨基甲基ⓒ，同位素标记相对和绝对定量 8 标（N 项）、同位素标记相对和绝对定量 9 标（K 项）
物种	植物
肽段质量耐受性	±0.05
碎片质量耐受性	±0.1 Da
质量值	单一同位素
仪器类型	默认
最大缺失裂口	1
数据库	基于转录组数据的蛋白质序列数据库

5.2 结果与讨论

5.2.1 蛋白质定量结果

不同处理时间的浮萍样品蛋白质浓度测定结果统计信息见表 5-3。

表 5-3   烯效唑处理下 5 个样品的蛋白浓度

样品序号	样品处理时间/h	浓度/μg·μL⁻¹	测试体积/μL	蛋白总量/μg
P1305110001	0	28.919	200	5783.8
P1305110002	2	23.338	200	4667.6
P1305110003	5	22.526	200	4505.2
P1305110004	72	6.900	200	1380.0
P1305110005	240	5.022	200	1004.4

5.2.2 鉴定质量评估

肽段匹配质量误差分布、肽段序列长度分布、肽段序列覆盖度分布、Unique 肽段数量分布等统计结果如图 5-1 所示。

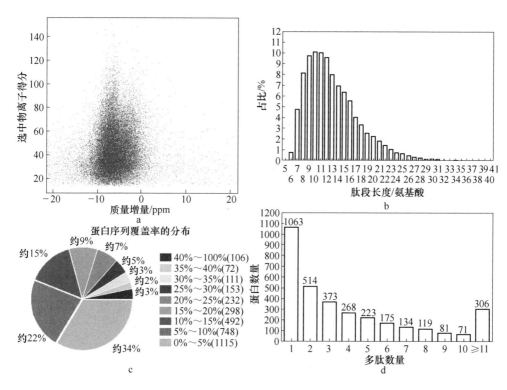

图 5-1   鉴定质量评估统计结果

a—谱图匹配质量误差分布；b—肽段序列长度分布；

c—肽段序列覆盖度分布；d—鉴定肽段数量分布

图 5-1 彩图

从图 5-1 可以看出，谱图匹配质量误差分布图 5-1a 显示了所有匹配到肽段的相对分子量的真实值与理论值之间的误差分布，显示大部分质量误差范围在 $-10\sim0$ ppm（$-10^{-3}\%\sim0$）之间，表明实验过程中测得的肽段质量数偏差小且稳定，该仪器具有很高的分辨能力和质量精确度。肽段母离子质量的精确测定可以显著减小假阳性鉴定结果的出现概率。为了防止遗漏鉴定结果，基于数据库搜索策略的肽段匹配误差应控制在 0.05Da 以下。

肽段序列长度分布图 5-1b 展示了不同长度肽段占所有肽段的百分数，横坐标为肽段氨基酸残基数，纵坐标为该长度肽段占所有肽段的百分数。图中显示肽段长度非常靠前，最多分布在含有 8~13 个氨基酸之间，其所占的比例超过一半以上，而且其邻近的肽段比例也较高，初步说明样品酶解得当，仪器能覆盖绝大多数肽段信息。

肽段序列覆盖度分布图 5-1c 显示了不同覆盖度的蛋白比例，其中不同颜色代表不同的序列覆盖度范围，饼状图百分数显示了处于不同覆盖度范围的蛋白数量占总蛋白数量的比例。从图中可以看出，大多数识别的蛋白具有非常好的序列覆盖度，超过 66% 蛋白质含有超过 5% 的序列覆盖度，超过 44% 的蛋白质含有 10% 的序列覆盖度。

鉴定肽段数量分布图 5-1d 显示鉴定到的蛋白所含肽段的数量分布情况，横坐标为鉴定蛋白的肽段数量范围，纵坐标为蛋白数量。图中显示的趋势表明，大部分被鉴定到的蛋白，其所含的肽段数量在 10 个以内，且蛋白数量随着匹配肽段数量的增加而减少。

5.2.3 蛋白质鉴定

在寡营养处理浮萍蛋白组分析经验的基础上，根据前期做的烯效唑处理下浮萍的转录组数据，将转录本通过 6 框翻译所有转录本的开放阅读框（ORFs），构建了一个新的蛋白质序列数据库，将原始质谱数据和此库进行匹配搜索。蛋白质鉴定基本信息统计结果如图 5-2 所示。

图 5-2 中横坐标为鉴定类别，纵坐标为数量。总图谱为二级谱图总数，图谱为匹配到的谱图数量，特异图谱为匹配到特有肽段的谱图数量，多肽为鉴定到的肽段的数量，特异多肽为鉴定到特有肽段序列的数量，蛋白为鉴定到的蛋白质数量。基于测定的烯效唑处理浮萍的转录组数据建立蛋白序列库作为参考，最后总共鉴定到了 3327 个蛋白。

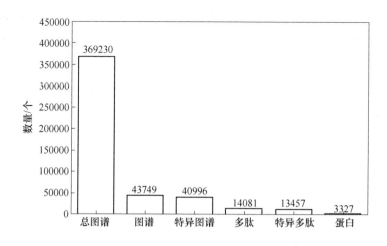

图 5-2 鉴定基本信息统计

对鉴定到的所有蛋白质依据其相对分子质量所作的统计如图 5-3 所示。

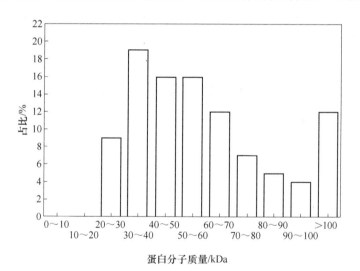

图 5-3 蛋白质的质量分布图

图 5-3 中，横坐标为鉴定到的蛋白质分子质量（单位：千道尔顿，kDa），纵坐标为鉴定到的蛋白质数量。根据分子量可以看出，蛋白分子量分布较宽，所有蛋白都大于20kDa，分布范围广泛，可从20~100 kDa，占比为88%，甚至也有许多蛋白分子量大于 100 kDa，其比例占 12%。

基于转录组数据构建一个蛋白序列搜索库非常适合于那些还未进行全基因组测序的物种。当缺乏参考基因组时，根据转录组数据建立物种特异性的蛋白质序列数据库可以提高蛋白识别率。此种方法可以在一定程度上突破蛋白组分析受限于基因组信息缺乏的瓶颈，特别是对还未进行全基因组测序的非模式植物开展蛋白组分析具有非常大的参考价值。相应的成功案例在动植物中也有部分报道，如草苔虫（*Bugula neritina*）和博罗回（*Macleaya cordata and Macleaya microcarpa*）以及我们前期分析的寡营养处理下的少根紫萍（*L. punctata*）。

5.2.4　GO 分类

Gene Ontology（简称 GO）是一个国际标准化的基因功能分类体系，提供了一套动态更新的标准词汇表（controlled vocabulary）来全面描述生物体中基因和基因产物的属性，GO 总共有三个本体（ontology），分别描述基因的分子功能（molecular function）、所处的细胞位置（cellular component）、参与的生物过程（biological process）。我们针对鉴定出的所有蛋白进行 GO 功能注释分析，针对三个 ontology（cellular component，biological process，molecular function）中涉及的GO 条目，列出所有相应蛋白的 ID 及蛋白个数，同时做出统计图，略去没有相应蛋白的 GO 条目。

GO 分类图显示了三个本体中涉及各条目的分布情况，可以看出，蛋白分类到多个类别中，在不同组别中均有显著富集。在细胞组分组别中，主要富集在细胞和细胞部分，分别占 23.52% 和 23.52%；在分子功能组别中，主要富集在催化性能（47.86%）和结合性能（40.22%）；在生物学过程中，最显著富集的条目包括代谢过程和细胞过程，分别为 17.62% 和 17.09%。

5.2.5　差异蛋白结果

对识别的所有蛋白质进行定量分析，将不同时间点样品的同一蛋白表达量进行对比分析。依据蛋白质丰度水平，当差异倍数大于 1.2 倍或小于 0.8 倍，且经统计检验其 $p < 0.05$ 时，视为差异蛋白。统计结果见表 5-4。

表 5-4　搜索基于转录组数据库建库的各组间差异蛋白统计结果

类　型	上调蛋白数量/个	下调蛋白数量/个	总差异蛋白数量/个
2 h 和 0 h	17	9	26
5 h 和 0 h	8	7	15
72 h 和 0 h	142	75	217

类　型	上调蛋白数量/个	下调蛋白数量/个	总差异蛋白数量/个
240 h 和 0 h	273	147	420
5 h 和 2 h	8	26	34
72 h 和 2 h	117	96	213
240 h 和 2 h	221	162	383
72 h 和 5 h	130	66	196
240 h 和 5 h	236	146	382
240 h 和 72 h	104	50	154
差异表达蛋白总数	578	391	969

从表 5-4 可以看出，不同组的差异蛋白数量差别较大，其中 240 h 和 0 h 的差异蛋白数量最多。在所有组对比中，总共鉴定了 969 个差异表达的蛋白质，其中有 578 个上调表达、391 个下调表达。

在相对定量时，如果同一个蛋白质的数量在两个样品间没有显著的变化，那么其蛋白质丰度比接近于 1。当蛋白的丰度比即差异倍数达到 1.2 倍以上或小于 0.8 倍，且经统计检验其 $p<0.05$ 时，视该蛋白为不同样品间的差异蛋白。对每个蛋白质差异倍数以 2 为底取对数后作出分布，如图 5-4 所示，表达量上调的蛋白居于横坐标 0 位置的右侧，表达量下调的蛋白居于横坐标 0 位置的左侧。

图 5-4 显示了可定量所有蛋白质的差异倍数的分布情况，其中横坐标表示差异倍数经过以 2 为底数的对数转化后的值，大于 0 的为表达量上调，小于 0 的为表达量下调。其中，差异倍数大于 1.5 的点用红色和绿色标出（红色为表达量上调，绿色为表达量下调），这些红色和绿色的点可能是潜在的差异蛋白，是否是最终被筛选的差异蛋白，还需要进行统计学进行 p 值验证。

5.2.6 代谢通路富集分析

对识别的蛋白质进行代谢通路富集分析来确定富集的细胞代谢。将总蛋白匹配至 KEGG Pathway 数据库进行注释，然后统计参与每个 KEGG 通路的响应蛋白频率进行统计性分析，见表 5-5。

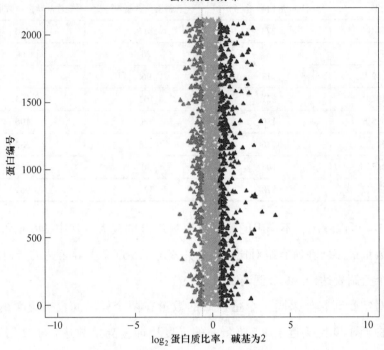

图 5-4   蛋白质丰度分布

图 5-4 彩图

表 5-5   总识别的蛋白的 KEGG 通路分析

序号	通 路	具有通路注释的蛋白质	通路编号
1	代谢通路	825（34.52%）	ko01100
2	次生代谢产物的生物合成	483（20.21%）	ko01110
3	内质网中的蛋白质加工	100（4.18%）	ko04141
4	RNA 的转运	93（3.89%）	ko03013
5	剪接体	91（3.81%）	ko03040
6	植物病原体相互作用	75（3.14%）	ko04626
7	糖酵解/糖新生	74（3.1%）	ko00010
8	苯丙素的生物合成	73（3.05%）	ko00940
9	淀粉和蔗糖代谢	71（2.97%）	ko00500
10	核糖体	66（2.76%）	ko03010
11	嘌呤代谢	65（2.72%）	ko00230
12	丙酮酸代谢	63（2.64%）	ko00620

序号	通 路	具有通路注释的蛋白质	通路编号
13	氨基糖和核苷酸糖代谢	59 (2.47%)	ko00520
14	氧化磷酸化	56 (2.34%)	ko00190
15	信使核糖核酸监测途径	53 (2.22%)	ko03015
16	光合生物的固碳作用	51 (2.13%)	ko00710
17	胞吞作用	47 (1.97%)	ko04144
18	氨酰基 tRNA 生物合成	47 (1.97%)	ko00970
19	植物激素信号转导	44 (1.84%)	ko04075
20	核糖核酸降解	44 (1.84%)	ko03018
21	嘧啶代谢	40 (1.67%)	ko00240
22	光合作用	39 (1.63%)	ko00195
23	苯丙氨酸代谢	39 (1.63%)	ko00360
24	吞噬体	39 (1.63%)	ko04145
25	精氨酸和脯氨酸代谢	38 (1.59%)	ko00330
26	泛素介导的蛋白水解	38 (1.59%)	ko04120
27	乙醛酸和二羧酸代谢	37 (1.55%)	ko00630
28	柠檬酸循环（TCA 循环）	37 (1.55%)	ko00020
29	果糖和甘露糖代谢	36 (1.51%)	ko00051
30	甘氨酸、丝氨酸和苏氨酸代谢	36 (1.51%)	ko00260
31	过氧化物酶	35 (1.46%)	ko04146
32	卟啉与叶绿素代谢	35 (1.46%)	ko00860
33	真核生物核糖体的生物发生	35 (1.46%)	ko03008
34	谷胱甘肽代谢	35 (1.46%)	ko00480
35	蛋白酶体	35 (1.46%)	ko03050
36	抗坏血酸和阿糖二酸代谢	33 (1.38%)	ko00053
37	半胱氨酸和蛋氨酸代谢	31 (1.3%)	ko00270
38	丙氨酸、天冬氨酸和谷氨酸代谢	31 (1.3%)	ko00250
39	磷酸戊糖途径	30 (1.26%)	ko00030
40	半乳糖代谢	29 (1.21%)	ko00052
41	类黄酮生物合成	28 (1.17%)	ko00941
42	类胡萝卜素生物合成	28 (1.17%)	ko00906

序号	通　路	具有通路注释的蛋白质	通路编号
43	脂肪酸代谢	28（1.17%）	ko00071
44	丙酸代谢	28（1.17%）	ko00640
45	缬氨酸、亮氨酸和异亮氨酸降解	26（1.09%）	ko00280
46	戊糖和葡萄糖醛酸相互转化	25（1.05%）	ko00040
47	ABC 转运蛋白	24（1%）	ko02010
48	苯丙氨酸、酪氨酸和色氨酸生物合成	24（1%）	ko00400
49	甘油磷脂代谢	24（1%）	ko00564
50	甘油酯代谢	23（0.96%）	ko00561
51	酪氨酸代谢	23（0.96%）	ko00350
52	萜类骨架生物合成	22（0.92%）	ko00900
⋮			

对表 5-5 中各代谢通路识别的蛋白按数量从大到小进行排序，其中最主要的是参与代谢通路和次生代谢产物合成的两大类。与淀粉积累相关的淀粉和蔗糖代谢通路（ko00500）识别的蛋白也较多，共识别了 71 个蛋白。与烯效唑诱导相关的内源性激素类合成相关的萜类化合物骨架生物合成（ko00900）识别了 22 个蛋白，胡萝卜素生物合成通路（ko00906）识别了 28 个蛋白。

进一步对差异表达的蛋白进行代谢通路富集分析，确定烯效唑处理浮萍显著影响的细胞代谢。在烯效唑处理后 2 h、5 h、72 h 和 240 h，浮萍总共分别有 21 个、12 个、65 个和 94 个 KEGG pathways 受到影响，且 $p<0.05$。同时，类胡萝卜素生物合成通路（Ko00906）及淀粉和蔗糖代谢通路（Ko00500）也得到显著富集。结果表明，这些通路中的蛋白在烯效唑处理下得到高表达或被激活，相关通路对于分析浮萍内源性激素变化和淀粉积累非常重要，也是我们关注的焦点。因此，相应通路中相关酶的表达情况值得更加详细地分析。

5.2.7　蛋白组与转录组相关性分析

当比较烯效唑处理下浮萍酶的转录组和蛋白组表达水平时，发现在酶的变化趋势上具有较高的一致性。一方面，参与激素生物合成的所识别的大多数酶，如玉米黄质环氧酶（EC：1.14.13.90；ZEP）和 9-顺-环氧类双加氧酶（EC：1.13.11.51；NCED），在蛋白水平变化趋势上均与转录本表达水平一致，这些酶的上调表达促进了 ABA 的生物合成。另一方面，许多参与淀粉代谢途径的关键酶，如 ADP 葡萄糖焦磷酸化酶（EC：2.7.7.27；AGP）与颗粒结合型淀粉合成酶（EC：2.4.1.11；GBSS）在蛋白和转录两个水平共享相同的上调表达趋势，它们的上调表达有助于高淀粉的快速积累。然而，一些酶在蛋白组和转录组之间显示不同的趋势。例如，可溶性淀粉合成酶（EC：2.4.1.21；SSS）的转录本表达逐渐降低，而该酶在蛋白质表达水平却没有显著变化。分析认为，可能与以下因素有关。首先，在不同阶段基因有不同的表达顺序和表达丰度变化，这些过程也包括转录后、翻译和/或翻译后调节。其次，基因组信息的不足也会影响一些独特的蛋白质识别。此外，现有技术在两个水平中的鉴定和定量方面具有一定的局限性。在我们前期的寡营养处理下浮萍的转录组和蛋白组研究中也得到了类似的结论。重要的是，我们的时间序列蛋白组结果可以提供比其他方法更直接的蛋白表达模式，这些结果也支持应用烯效唑处理后浮萍的生理生化变化情况。

5.2.8 烯效唑处理下浮萍内源性激素的变化

植物内源性激素是指植物体自身合成的激素。生产实践中人们经常依据生产需要，适当地施加生长调节剂（人工合成的激素类似物）以及外源性激素来调节植物不同的生长发育期内源激素的种类、浓度和比例，从而调控植物生长、发育与分化，包括细胞分裂与伸长、组织与器官分化、开花与结果、成熟与衰老、休眠与萌发以及离体组织培养等方面。已有报道，烯效唑对作物具有很强的矮化作用。它主要通过植物叶茎组织和根部吸收，进入植物体内后，主要通过木质部向顶部输送，抑制赤霉素（GA）的生物合成，使细胞伸长受抑，从而影响植物的形态。烯效唑通过影响贝壳杉烯氧酶活性，减少 GA 前体原料的形成，阻抑内源 GA 的合成，从而降低内源性 GA 含量，并可降低内源 IAA 的水平，提高玉米素核糖核苷 ZR 和脱落酸 ABA 含量。

我们对烯效唑处理后浮萍的内源性激素含量进行了测定，烯效唑处理下浮萍内源激素含量变化情况结果如图 5-5 所示。

从图 5-5 中可以看出，烯效唑处理后，浮萍的脱落酸（ABA）和玉米素-核糖核苷（ZR）含量升高，而赤霉素（GA）含量降低。其中，在所有这些测量的样品中，ABA 的含量是所有测定激素中最高的。烯效唑处理 1 h 以后，ABA 含量从初始的 61.47 ng/g（FW）迅速升高到 122.9 ng/g（FW），含量是初始的 2 倍。在 7 h 达到 117.4 ng/g（FW），12 h 含量为 142.8 ng/g（FW），到 240 h ABA 含量

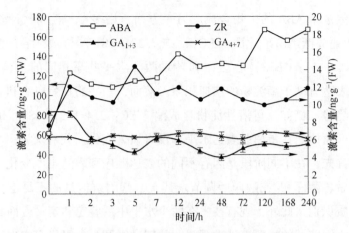

图 5-5　烯效唑对浮萍内源性激素含量的影响

（ABA：脱落酸；ZR：玉米素-核糖核苷；GA_{1+3}：赤霉素 1 和 3；GA_{4+7}：赤霉素 4 和 7）

显著增加至 166.53 ng/g(FW)，是初始含量的 2.7 倍。结果表明，烯效唑处理下可以显著促进浮萍内源性激素 ABA 的合成。

同样，ZR 作为一种细胞分裂素（CK），其含量也有所增加。在烯效唑处理 1 h 后，ZR 含量从初始 7.73 ng/g(FW) 增加至 12.2 ng/g(FW)。ZR 含量变化在前期波动较大，7 h 后，ZR 含量趋于稳定，达到 11.7 ng/g(FW)，在 240 h，其含量达到 11.87 ng/g(FW)。结果表明，烯效唑可以促进浮萍内源性激素 ZR 的合成。

与此相反，烯效唑处理下赤霉素 GA_{1+3} 含量降低，同时 GA_{4+7} 含量维持在稳定的低水平。GA_{1+3} 含量在 0 h 为 9.25 ng/g(FW)；处理 72 h 后，其含量为 5.17 ng/g(FW)；在 240 h，GA_{1+3} 含量降低至 5.57 ng/g(FW)。GA_{4+7} 含量在 0 h 时为 6.37 ng/g(FW)，72 h 其含量稳定在 6.24 ng/g(FW)，在 240 h 时 GA_{4+7} 含量为 6.13 ng/g(FW)。可以看出，烯效唑处理下 GA_{1+3} 和 GA_{4+7} 的含量较低，烯效唑抑制了 GA_1 和 GA_3 的合成。

喷洒烯效唑调节了浮萍内源激素含量的变化，主要包括 ABA、ZR 和 GAs 等，经过测定烯效唑可以促进 ABA 和 ZR 的合成、抑制 GA 的合成。特别是 ABA 含量增长最明显，从初始的 61.46 ng/g(FW) 升高至 166.53 ng/g(FW)。

5.2.9　内源性激素合成通路中相关酶的表达分析

我们进一步对烯效唑处理后浮萍内源性激素 ABA、GA 和 ZR 合成的关键酶的蛋白表达情况进行分析，并绘制了三种激素的合成通路，如图 5-6 所示。

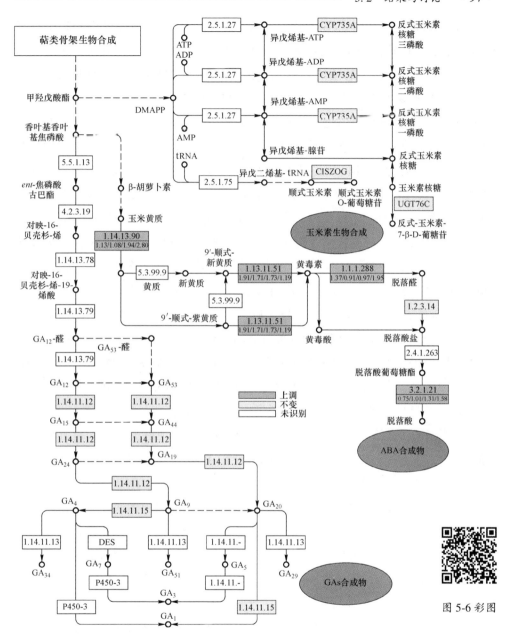

图 5-6　赤霉素、脱落酸和细胞分裂素合成相关的蛋白组表达分析

(图中小框的上层数字对应于该酶的 EC 编号，小框的下层数字对应于该酶在 2 h、5 h、
72 h 和 240 h 的样品和对照 0 h 样品的蛋白质表达变化水平的比值。红色框表示表达量上
调的酶，灰色框表示没有显著差异，白色框表示在没有发现的该酶的表达。小框中上半部
的数字对应于 EC 编号，下半部分中的数字对应于这些酶的表达水平在 0 h、2 h、5 h、72 h 和 240 h)

　　从合成通路图 5-6 中可以看出，ABA、ZR 和 GA 的生物合成均来自甲羟戊酸，而甲羟戊酸则来自萜类化合物生物合成骨架。蛋白表达结果显示，大多数与 ABA 生物合成途径有关的酶的表达水平上调。例如，ABA 合成中的限速酶，9-顺式-环氧类胡萝卜素双加氧酶（EC：1.13.11.51；NCED）通过断裂 9′-顺式-新黄素和 9′-顺式-紫黄素而催化黄氧素生物合成，其表达量在 2 h 增加了 1.91 倍。调节 ABA 葡萄糖酯最终转化成有生物活性 ABA 的 β-葡萄糖苷酶（EC：3.2.1.21；GBA₃），在 240 h 其表达量也增加了 1.58 倍。类似地，玉米黄质环氧化酶（EC：1.14.13.90；ZEP）和黄氧脱氢酶（EC：1.1.1.288；ABA2）在 240 h 也分别增加 2.80 倍和 1.95 倍。其他的酶，如脱落酸醛氧化酶（EC：1.2.3.14；AAO₃）、新黄素合成酶（EC：5.3.99.9；NSY）和脱落酸 β-葡糖基转移酶（EC：2.4.1.263；AOG），其表达量没有显著性变化或未检测出。此外，有关 GA 和 ZR 生物合成的所有酶均没有显著差异表达或者未识别。参与 GA 生物合成的关键酶，赤霉素-44 双加氧酶（EC：1.14.11.12；G₄₄OX）和赤霉素 3-β-双加氧酶（EC：1.14.11.15；GA₃OX），没有显著性改变。其他的关键酶，如内部柯巴基二磷酸合酶（EC：5.5.1.13；CPS），内根-贝壳杉烯合成酶（EC：4.2.3.19；KS），未被检测出。参与 ZR 生物合成的酶如关键酶细胞分裂素反式羟化酶（CYP735A），非关键酶细胞分裂素-N-葡糖基转移酶（UGT76C）和顺式玉米素 O-葡糖基转移酶（CISZOG）没有显著性变化。其他的关键酶如腺苷酸异戊烯转移酶（EC：2.5.1.27；IPT）和非关键酶 t-RNA 二甲基烯丙基转移酶（EC：2.5.1.75；TRIT1）未得到识别。

　　分析发现，烯效唑处理后，少根紫萍的激素合成通路中蛋白组表达谱与其激素含量变化是相一致的。先前的研究发现，烯效唑调节植物生长变化是通过抑制 GA 生物合成和 ABA 分解代谢。然而，除了几个关于生理生化分析的报告外，很少有研究详细地调查这些通路酶的变化。在 ABA 生物合成中，有 C15 的直接途径和 C40 的间接途径。在高等植物中，大多数的 ABA 来源于 C40 类胡萝卜素通过间接裂解过程合成。在我们的研究中，烯效唑处理后少根紫萍中 ABA 是几个与处理相关最丰富的内源性激素。在 240 h，其含量升高至初始量的 2.7 倍，这个含量大约是 ZR 和 GA 含量 14 倍。蛋白组分析结果也显示 ABA 生物合成途径的大多数酶，包括 GBA3、ZEP、ABA2，特别是关键酶 NCED，均上调表达。另外，GA 和 ZR 含量在不同时间点样品中均非常低。同样地，参与 GA 和 ZR 生物合成途径相关的酶，如 CPS、KS、G44OX 和 GA30X，显示无显著性差异变化或在蛋白水平未被检测出。在转录组水平，烯效唑处理下编码这些酶的转录本也只有一个相对较低的表达水平。

5.2.10 烯效唑处理下浮萍生物量、淀粉含量及酶活的变化

对烯效唑处理后的浮萍生物量及淀粉含量进行了测定，结果如图 5-7 所示。

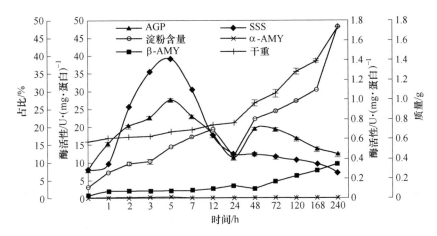

图 5-7 干重、淀粉含量、AGP、SSS、α-AMY 和 β-AMY 等酶活变化

(淀粉含量的数值对应于主坐标轴 Y 轴左侧，AGP 和 SSS 的酶活对应于主坐标轴 Y 轴的右侧；
α-AMY 和 β-AMY 的酶活对应于副坐标轴 Y 轴的左侧，干重对应于副坐标轴 Y 轴的右侧)

烯效唑处理后，浮萍的干重和淀粉含量显著增加。每个三角瓶中的平均干重从初始的 0.57 g 不断增加至 240 h 的 1.74 g；同时，淀粉含量也从初始的 3.16% 显著增加至 240 h 的 48.01%。通过计算可得，干重和淀粉含量分别增加 3.1 倍和 15.2 倍。同时，我们对参与淀粉生物合成和降解酶的活性进行了分析。在淀粉生物合成中最重要的关键酶 AGP，其活性从初始的 8.20 U/(mg·蛋白) 增加至 5 h 的最大值 27.59 U/(mg·蛋白)。类似地，促进支链淀粉生物合成的关键酶 SSS 的酶活性也从初始的 8.03 U/(mg·蛋白) 增加至 5 h 的最大值 39.29 U/(mg·蛋白)。此外，淀粉可被两种淀粉酶降解为葡聚糖和麦芽糖，为生命活动提供能量。测定发现，α-淀粉酶的活性 (α-AMY) 稳定在 0.003 U/(mg·蛋白) 的低水平；β-淀粉酶 (β-AMY) 活性前期稳定不变，只有较低的酶活性，在 48 h 后有较大上升，从 0.032 U/(mg·蛋白) 增加至 240 h 的 0.345 U/(mg·蛋白)。

5.2.11 淀粉代谢通路中相关酶的表达分析

为了了解烯效唑对浮萍淀粉代谢相关酶的影响，我们对淀粉代谢通路中相关

酶的蛋白表达谱进行了分析。浮萍在烯效唑处理下淀粉和蔗糖代谢通路中相关酶的蛋白组表达情况如图5-8所示。

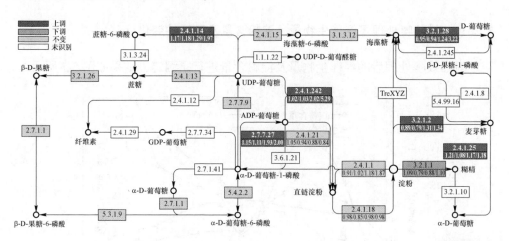

图 5-8   碳代谢相关酶的表达模式分析

(图中小框的上层数字对应于该酶的 EC 编号、下层数字对应于该酶在 72 h
的样品和对照 0 h 样品的蛋白质表达变化水平的比值（2.4.1.21 除外，
对应的倍数是 5 h 和 2 h））

图 5-8 彩图

　　首先，参与到淀粉生物合成的两个关键酶，AGP 和 GBSS 均显示了上调的蛋白表达。负责 ADP-葡萄糖合成与转移的第一个关键酶 AGP，由两个相同的大亚基（AGP-LS）和两个相同的小亚基（AGP-SS）组成。其中，AGP-LS 负责调节功能，而 AGP-SS 负责催化活性。与淀粉颗粒紧密结合的 GBSS，在直链淀粉的生物合成中发挥着中关键作用。结果表明，AGP-LS 和 GBSS 在 240 h 样品中分别显著上升了 2.00 倍和 5.29 倍。然而，其他关键酶或亚基如 AGP-SS、SSS 或淀粉分支酶（EC：2.4.1.18；SBE）等没有观察到显著的变化。其次，在淀粉降解过程，α-淀粉酶和 β-淀粉酶在植物中发挥着主要作用。表达水平显示，和对照相比，α-AMY 在 5 h 下降至对照的 0.79 倍，而 β-AMY 在 240 h 增加了 1.34 倍。最后，参与其他的碳水化合物代谢分支，如和淀粉合成竞争底物用于合成蔗糖、纤维素和海藻糖等，绝大多数的酶均无显著改变或未被识别。在蔗糖合成中，SuSy 显示没有显著的变化，SPP 在蛋白水平没有被识别。然而，SPS 被检测出，其表达量在 240 h 增加了 1.97 倍。催化纤维素合成的 CESAs 则没有被检测出。参与海藻糖生物合成的 TPS 和 TPP，其表达量也无显著性差异。

　　我们结合蛋白组学分析、酶活分析和成分测定等多种技术手段，解析烯效唑处理后观察到浮萍高淀粉快速积累的分子机制。从三种不同层次水平对这些数据进行了详细的分析和比较。浮萍组分测定表明淀粉含量增长迅速，在 240 h 样品中，浮萍淀粉从初始干重的 3.16% 提高到 48.01%。通过计算，每个三角瓶中的淀粉总量从初始的 1.8 mg 增加至最终的 83.5 mg，和初始量相比，淀粉总量提高了 46.4 倍。同时，酶活性分析结果也表明，参与淀粉生物合成的关键酶 AGP 和 SSS，其活性也分别增加了 3.4 倍和 4.9 倍。而在所有样品中，α-AMY 和 β-AMY 均只有非常低的酶活性，且远低于淀粉合成相关酶的酶活性。最为重要的是，蛋白组数据也显示出和上述结果非常类似的趋势。其中，一方面，烯效唑显著上调了淀粉生物合成相关的关键酶蛋白表达，如 AGP-LS 和 GBSS 的表达水平均显著上调。在另一方面，淀粉降解的关键酶均只有低的蛋白表达，如 α-AMY 和 β-AMY 的蛋白表达水平均远低于淀粉合成的关键酶。此外，除了 SPS 上调外，其他参与竞争葡萄糖的碳水化合物代谢分支的绝大多数调节酶的表达水平均无显著性差异。我们推断，许多酶未被检测是由于其非常低的表达丰度，低于检测限造成的。烯效唑处理后，淀粉生物合成有关的酶的高表达并上调表达，但是降解相关的酶几乎不表达且下调。这些结果进一步表明，浮萍高淀粉积累可能主要是由于烯效唑应用下调节表达这些酶的协同效应引起的。

为了帮助理解烯效唑诱导的浮萍高淀粉积累，我们构建了一个推断性的模型来阐述烯效唑如何调节内源性激素改变，进而导致淀粉积累的过程，如图 5-9 所示。

图 5-9 彩图中，红色向上的箭头表示响应烯效唑处理上调表达的蛋白，绿色箭头对应着下调表达的蛋白，灰色箭头意味着在本研究中没有观察到显著性差异，该模型构建可以帮助理解在少根紫萍中烯效唑诱导的激素水平变化及淀粉积累。烯效唑诱导激素相关的酶的表达而导致内源性激素含量的变化。ABA 被 ABA 受体（PYR）结合，然后启动 ABA 信号通路（Park 等，2009，Science；Hubbard 等，2010，Gene Dev.）。显著增加的 ABA 和下降的 GA 调节了淀粉代谢通路中一些酶的表达，这些酶的表达变化最终导致了淀粉积累。

在少根紫萍中，烯效唑通过改变内源性激素的水平来调节淀粉的合成，ABA 可能在烯效唑处理导致淀粉积累的过程中发挥最主要的作用。根据文献报道，烯效唑作为一种潜在的 ABA 分解代谢抑制物，有助于 ABA 含量的增加。显著增加的内源性 ABA 有助于编码 AGP 酶的大亚基基因 *APLs* 表达上调，从而使得 AGP 酶

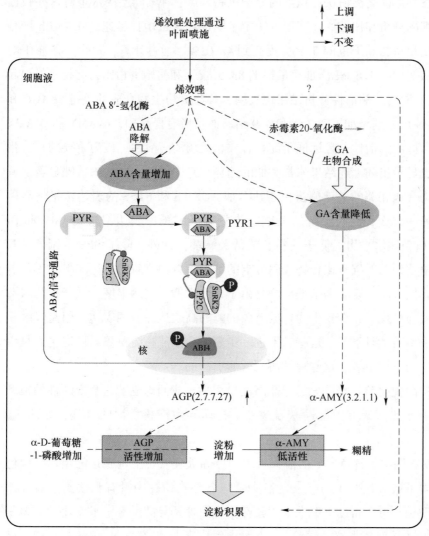

图 5-9　在烯效唑处理下 ABA 及其他内源激素调节浮萍
淀粉积累的推断模型

图 5-9 彩图

调节活性增加，在淀粉合成通路中发挥关键作用而促进淀粉积累。Gulcin 等人通过向培养基中添加 ABA 也获得了多根紫萍（*S. polyrrihza*）的高淀粉休眠体结构（turion），但这种方法费时较长，而且难以将浮萍全部转化成休眠体结构。经过 ABA 处理后，*S. polyrrihza* 的 *APL2* 和 *APL3* 基因在 turion 形成的早期阶段得到了高表达。我们构建一个模型来解析烯效唑引起的内源性激素变化，进而调节淀粉代谢通路中酶的表达，并最终导致淀粉积累。根据文献报道，早期 ABA 信号转导依赖于 START 蛋白家族中的成员 pyrabactin resistance（PYR）蛋白和 ABA 的受体调控元件-2C 型蛋白磷酸酶-SNF1-相关的蛋白激酶（PYR/RCAR-PP2C-SnRK2）途径。其中，PYRs 是 ABA 受体，在负责调节通路的顶端发挥作用，通过抑制 PP2Cs 而控制 ARA 信号。在缺乏 ABA 时，PP2Cs 通过去除活化的磷酸盐而抑制 SnRK2 活性。当 ABA 存在时，与 PYR1 结合，此结合物随后结合并抑制 PP2Cs，因此允许了 SnRK2s 的释放与活化。活化的 SnRK2s 进一步调节转录因子 ABI4 的磷酸化，进而调节 *APLs* 的基因转录。此模块与转录因子，基因表达和信号转导相互作用，从而将激素变化与淀粉积累很好的联系起来。浮萍中激素之间的相互作用最终使得其高淀粉积累，详细情况将会在我们的转录组研究中进行详细的阐述。

5.3 小 结

烯效唑处理可以使浮萍快速生长，同时促进淀粉积累，和初始相比，处理 240 h 后，样品的干重和淀粉含量分别增加 3.1 倍和 15.2 倍；测定激素含量发现，烯效唑处理下脱落酸（ABA）和玉米素-核糖核苷（ZR）中的逐渐含量升高，而赤霉素（GA）的含量逐渐降低。在所有样品测定激素中，ABA 的含量最高，且增长最明显。内源性激素合成通路中相关酶的蛋白组分析也发现，大多数与 ABA 生物合成途径有关酶的表达水平上调，与 GA 和 ZR 生物合成有关的所有酶均没有差异表达或者未识别。以上结果均表明，烯效唑处理下可以显著促进浮萍内源激素 ABA 的合成，ABA 的大量增加可能在烯效唑诱导的淀粉积累过程中起主要作用。酶活分析显示，淀粉合成相关的酶活在烯效唑处理后增加，降解相关的酶均只有较低的酶活性。淀粉代谢通路中相关酶的表达分析显示，淀粉生物合成的两个关键酶，AGP 和 GBSS 蛋白上调表达；淀粉降解的关键酶 α-淀粉酶在处理后 5 h 下降至对照的 0.79 倍，而 β-淀粉酶在 240 h 增加了 1.34 倍。蛋白组的表达和淀粉变化、酶活测定数据及前期转录组数据具有很好的一致性，我们结合蛋白组学分析、酶活分析和成分测定等多种技术手段，了解烯效唑处理后观察到的浮萍高淀粉快速积累的分子机制，从三种不同层次水平对这些数据进行了详细的分析和比较。

6 寡营养处理、烯效唑处理和全营养对照下的比较转录组分析

生物能源是一种可再生的、清洁的替代能源，它可以帮助人们逐步摆脱对石油的过度依赖、减少温室气体排放、解决部分环境污染问题。目前生物乙醇已引起人们较为广泛的关注。国务院办公厅在 2014 年 6 月发布的《能源发展战略行动计划（2014—2020 年）》中也提到"发展生物质能""发展新一代非粮燃料乙醇和生物柴油"和"因地制宜发展农村可再生能源"等。然而，大多数生物能源的原料是陆生粮食作物，如玉米、甘蔗等，这导致了粮食、饲料安全和土地竞争等方面的激烈争论，并可能导致其他潜在的环境问题。因此，有必要探索新型的替代原料，使生物能源产业向可持续和更环保的方向发展。

浮萍因淀粉含量高且积累快，在生物乙醇生产应用上具有巨大潜力。浮萍分布广泛，几乎在世界各地均有分布。浮萍生长速率较快，在合适水温、pH 值、光照和营养条件下，其生物质能够在 48 h 内生物量翻倍，在气候温和地区，其干物质年产量可达每公顷 55 t；淀粉含量较高，在最适条件下可达干重的 70% 以上。另外，浮萍木质素含量非常低，使其更有利于生物醇的生产。采用简单的玉米基淀粉原料发酵工艺，浮萍已成功地转化为乙醇和丁醇，且具有较高的浓度和产率，表明浮萍是可以作为生物醇生产的潜在原料。

课题组前期研究工作发现寡营养和烯效唑处理可以快速实现高淀粉的积累。实验室研究发现，通过寡营养处理 7 d 浮萍淀粉含量即可从全植株生物量的 3% 积累到 45% 以上，并且由于生物量也增长了 2.81 倍，使得淀粉总量增加了 42 倍。根据有关报道，植物激素也可以提高浮萍的淀粉含量。在前期工作中，我们从 23 种植物生长调节剂中通过系统地筛选，发现烯效唑在提高浮萍生长速率和淀粉含量方面的效果最为显著。烯效唑，作为三唑类化合物中一种有效的植物生长延缓剂，可以增加可溶性蛋白质和总糖含量，也可以改善作物产量和产物成分。在烯效唑处理 10 d，浮萍的淀粉含量可以从初始的 3% 增长至 48%。浮萍可以在污水中快速生长，吸收其中的氮磷等污染因子，具有较高去除污水中营养成

分的能力，通过烯效唑处理，可以实现浮萍在污水处理和生物能源领域生产的双重利用。

然而，浮萍淀粉快速大量积累的分子机制不明确而限制了其开发利用。组分测定发现，寡营养或烯效唑处理均能促使浮萍高淀粉快速积累，在此基础上，我们对寡营养处理下的浮萍转录组进行了研究，首次在分子水平上证实了寡营养条件下浮萍淀粉快速大量积累的机制是碳代谢集中流向淀粉合成。我们又运用转录组学对烯效唑处理下浮萍的基因转录表达进行了分析，并结合生理生化分析，发现通过包括提高叶绿素合成、增强植物的光合速率及调节内源激素的合成，进而通过调节淀粉代谢通路中相关酶的表达而实现淀粉积累。但是，单种因素处理下的组学研究仍不足以揭示浮萍淀粉快速大量积累的一般共性机制。因此，本研究首先开展全营养对照组不同生长时间点的浮萍转录组学分析，进而结合寡营养处理、烯效唑处理和对照组的浮萍转录组学，利用比较转录组学的方法，比较分析寡营养处理、烯效唑处理与对照组浮萍转录组之间的异同，比较并研究 CO_2 固定通路和淀粉代谢通路中酶的转录表达模式，对不同处理下浮萍淀粉快速积累的分子机制进行阐述，最终揭示浮萍淀粉快速大量积累的一般共性机制。本研究不仅对浮萍作为生物乙醇原材料的开发利用具有重要意义，也能为在其他植物中实现淀粉快速大量积累提供有益的参考。

淀粉是生产生物乙醇的重要原料。前期实验结果显示，浮萍在寡营养处理和烯效唑处理下均能快速实现高淀粉积累，转录组分析结果显示了淀粉代谢通路中相关酶的转录本表达情况。在此基础上，我们又开展了对照组样品在不同时间点的转录组分析，并结合前期寡营养处理和烯效唑处理的转录组数据，对三种条件下相关酶的表达量进行了比较研究。结果发现，烯效唑处理特异地提高了 C4 途径 CO_2 固定中最关键的酶 PEPC 的转录表达，而在寡营养处理和对照组样品中表达量则维持不变。在淀粉代谢通路中，淀粉合成代谢通路中的一些关键酶（如 AGP 和 GBSS）基因的表达量在寡营养处理和烯效唑处理下均显著上调，而与淀粉降解的关键酶（α-AMY 和 β-AMY）以及其他与淀粉合成途径竞争底物的纤维素、蔗糖和海藻糖等合成的关键酶基因的表达量在寡营养处理下显著下调，在烯效唑处理下低表达，在对照组随着营养消耗也下调表达。不同处理下，浮萍淀粉代谢通路中的相关酶上调或者下调转录表达变化均使得代谢流更多的使固定 CO_2 流向淀粉合成通路，最终导致生物量和高淀粉的积累。本研究利用比较组学的方法研究了不同条件下与淀粉积累相关酶的转录水平的异同，有助于解释浮萍淀粉快速大量积累的一般共性分子机制。

6.1   材料与方法

6.1.1   材料

少根紫萍 *Landoltia punctata* 0202 来自中国科学院成都生物所浮萍种质资源保藏中心。

6.1.2   试剂

本实验所用试剂有：

(1) DNase I（RNase-free）：Fermentas 公司，货号 18068-015（加拿大）；

(2) RNaseOUT™ 核酸酶抑制剂：Fermentas 公司，货号 E00381（加拿大）；

(3) M-MLV 逆转录酶：Invitrogen 公司，货号 C28025-021（美国）。

6.1.3   仪器与设备

本实验所用仪器与设备有：GZ-300GS Ⅱ 型智能人工气候箱，韶关广智科技设备发展有限公司；高效液相仪，美国热电公司；蒸发光检测器，美国奥泰万谱公司；PhotoLab 6100 分光光度计，德国 WTW 公司；Varioskan Flash 自动分光光度计，美国热电公司；研钵，冷冻离心机，台式快速离心浓缩干燥器或氮气吹干装置，酶联免疫分光光度计，吸水纸，恒温箱，冰箱，酶标板（40 孔或 96 孔），可调微量液体加样器（10 μL，40 μL，200 μL，1000 μL），带盖瓷盘（内铺湿纱布）；HiSeq 2000 测序平台，Illumina 公司。

6.1.4   方法

6.1.4.1   浮萍培养过程

全营养对照浮萍前期扩种培养步骤参照第 2 章 2.1.3.1 小节。少根紫萍 0202 在含糖 Hoagland（总氮含量为 58.3 mg/L，总磷含量为 25.8 mg/L）培养液中生长足够量后，转移至无糖培养液中活化至少 2 周（14 d）。寡营养处理和烯效唑处理分别参照第 2 章 2.1.3.2 小节和第 4 章 4.1.3.1 小节。对照浮萍样品转移培养在 1/6 Hoagland 培养液中，人工气候箱培养条件与处理样品完全相同。选择 13

个不同的时间点取样，分别为 0 h、1 h、2 h、3 h、5 h、7 h、12 h、24 h、48 h、72 h、120 h、168 h 和 240 h，在液氮中进行速冻，再转移至-80℃保存，以备生理生化分析和转录组研究。该实验所有样品均独立地进行 3 次重复。根据前期生理数据，选择对照组在 2 h、5 h、72 h 和 240 h 的样品进行转录组分析。

6.1.4.2 总 RNA 的提取

称取 0.1 g 左右浮萍在液氮中研磨均匀，充分研细，用 Omega 公司 E. Z. N. A.® Plant DNA/RNA Kit 试剂盒提取总 RNA 后，加少量 RNA 酶抑制剂后加乙醇冻存于-80℃冰箱中。

6.1.4.3 基因组 DNA 的降解

使用 Fermentas 公司的 DNAase I（RNase-free）去除总 RNA 中残留的基因组 DNA，方法如下：

（1）该实验所用的枪头、EP 管等均使用 0.5‰ 的 DEPC 水浸泡过夜，并于 121℃ 湿热灭菌，以确保无 RNase 的污染；

（2）按表 6-1 于 DEPC 浸泡过的 0.2 mL EP 管中配制反应体系；

表 6-1 配制的反应体系

核糖核酸	1~2 μg
10 倍二氯化镁反应缓冲液	1 μL
二乙基焦碳酸酯处理水	9 μL
DNA 酶 I，不含 RNA 酶（1 U/μL）	1~2 μL（1~2 U）

（3）37 ℃温浴 30 min；

（4）加入 1 μL、23 mmol/L EDTA 并于 65 ℃温浴 10 min；

（5）分装 1~2 μL 去除基因组 DNA 的总 RNA 于一新的 0.2 mL EP 管中，并加入适量 Loading buffer，进行电泳检测；

（6）总 RNA 质量检测。

上述总 RNA 经电泳检测无降解后，即以 10 kg 以上干冰保存寄送至深圳华大基因科技有限公司（http://www. genomics. cn）进行样品质量检测：用安捷伦生物分析仪（Agilent 2100 Bioanalyzer）测定 RNA 完整度值（RNA Integrity Number，RIN），OD_{280}、OD_{260} 以及 OD_{230} 值，计算总 RNA 的浓度、含量及纯度。RNA-Seq 要求总 RNA 量不小于 20 μg，浓度不小于 400 ng/μL，$OD_{260/280} \geqslant 1.8$，$OD_{260/230} \geqslant$

1.8，$28S/18S \geqslant 1$，$RIN \geqslant 7$。

6.1.4.4　高通量测序文库的构建

（1）总 RNA 以 oligo（dT）纯化获得 mRNA，70%乙醇沉淀，并重新溶解于 Tris-based 缓冲液中；

（2）以 oligo（dT）为引物合成第一链 cDNA，以 RNase H 和 DNA 聚合酶 I 合成第二链 cDNA；

（3）双链 cDNA 经 Nebulizer 随机打断，然后用 T4 DNA 聚合酶和大肠杆菌 DNA 聚合酶 I 的 Klenow 片段对其进行末端修复，用 Klenow exo 给修复的 cDNA 末端加入碱基 A 形成 3′-端黏性末端；

（4）cDNA 片段两端分别连接 Illumina Adapter1 和 Illumina Adapter1 后电泳分离不同大小的片段，并切胶回收 200bp 大小的 cDNA；

（5）以 PCR-Primer1 和 PCR-Primer2 为引物对纯化的 cDNA 片段进行 18 轮 PCR 扩增；

（6）PCR 产物经 PCR 产物纯化试剂盒纯化备用。

6.1.4.5　高通量 RNA-Seq

上述 PCR 产物纯化试剂盒纯化的 PCR 产物经解链处理得到单链 cDNA 分子并提交 Illumina/Solexa 的 HiSeq 2000 高通量测序仪器进行双端。单链 cDNA 分子被固定于 Flow cell 上并经过桥式 PCR 扩增成簇，并以 PE-SP1 和 PE-SP2 为引物从 cDNA 分子的两端分别进行测序。以 Illumina Pipline 输出的 paired-end（PE）reads 即为高通量 RNA-Seq 的原始数据。

6.1.4.6　RNA-Seq 测序质量评估

（1）测序完成后，从华大基因公司 ftp 数据提交系统下载 fastq 格式的原始序列文件；

（2）通过 flashfxp 将 fq 格式的序列文件上传至 Galaxy 在线分析平台；

（3）以 "NGS：QC and manipulation" 工具包内 "ILLUMINA DATA" 子包中的 "FASTQ Groomer convert between various FASTQ quality formats" 工具将序列文件转换成 fastqsanger 格式；

（4）以 "FASTX-TOOLKIT FOR FASTQ DATA" 子包中的 "Compute quality statistics" 工具计算每条 read 的测序质量；

（5）以 "Draw quality score boxplot" 工具绘制测序质量统计图；

（6）以 "Draw nucleotides distribution chart" 工具绘制 read GC 分布图。

6.1.4.7 转录组序列的 *de novo* 组装

转录组的组装包括：edena 组装，SOAPdenovo 组装，Oases 组装，CAP3 组装，Trinity 组装。

6.1.4.8 组装序列的长度统计

以 Perl 脚本对 de novo 组装结果进行不同范围序列长度分布相关的统计，分别统计叠连群数目、最长叠连群长度、不同长度区段叠连群数目、平均长度、N50 等相关信息。

6.1.4.9 组装序列的 ORF 预测

在 Galaxy 平台上通过 EMBOSS 软件包中的 ORF 预测工具"getorf"来评估组装质量，计算至少含有 300 bp、600 bp、900 bp、1200 bp 和 1500 bp 完整 ORF 的转录本数量及其在该长度段所有序列中所占的比例。

6.1.4.10 Reads 与组装序列的映射

（1）从 Bowtie 官网下载最新版本的 Bowtie 软件，于 linux 系统下解压安装；

（2）将转录组组装结果文件（＊.fasta）拷贝到 Bowtie 安装目录，构建索引；

（3）将 Reads 文件拷贝到 Bowtie 安装目录，进行 Reads 与组装结果的映射。

6.1.4.11 组装序列的功能注释

当序列组装完成后，使用 Blast2GO 软件进行功能注释。

6.1.4.12 数据处理与分析

实验中每个取样时间点均设有 3 个独立重复，每个数据点代表 3 个样品实验的结果，其数值代表平均值±标准误。SPSS（15.0 版）用来做数据分析，取 95% 的置信度水平做方差分析，分析各处理效果是否有显著性差异。

6.2 结果与讨论

6.2.1 浮萍转录组序列组装统计结果

为了进一步解析浮萍高淀粉的积累机制，我们对浮萍全营养对照组不同生长时间点的样品进行了转录组测序分析，并与前期的寡营养处理、烯效唑处理的转录组结果进行比较研究。根据生理生化分析数据，实验选择了 2 h、5 h、72 h 和 240 h 的样品进行转录组分析，分析测序采用 Illumina 公司 HiSeq 2000 测序平台的 Paired-End（PE）RNA-Seq 测序技术。结果显示，RNA-Seq 下机共获得 48356216 条、48612878 条、48214538 条和48286568 条90 nt 长的 PE 数据，双末端读长总数为 193470200 条，统计结果见表 6-2。

表 6-2　对照浮萍转录组数据统计结果

条　　　目	表　征　数　据
双末端读长数量/条	193470200
叠连群数量/条	155903
叠连群长度不小于 1000 bp/条	51873
平均长度/bp	1092
最大长度/bp	17234
第 50 条序列长度/bp	2190
总长度/bp	170340811

将 4 个少根紫萍样品的双末端读长汇集在一起，并使用 Trinty 进行组装，统计是通过常见的 perl 脚本进行的。

在后续分析之前进行数据过滤，将长度小于 200 bp 的序列丢弃，最终得到 155903 条叠连群。统计分析，长度不小于 1000 bp 的叠连群为 51873 条。此外，N50 为 2190 bp，平均长度为 1092 bp、最大长度为 17234 bp，总长度为 170340811 bp。不同时间点样品转录本表达均有差异，为了分析不同样品之间转录组水平的表达差异，对全营养对照组样品所有 RNA-Seq 转录本表达水平和寡营养处理、烯效唑处理转录组表达水平进行了比较分析。

6.2.2　CO_2 固定通路中相关酶的转录水平分析

经研究发现，少根紫萍在寡营养处理和烯效唑处理下均能实现高淀粉的积累，而且在烯效唑处理的蛋白组分析中发现，CO_2 固定通路（KEGG：00710 Carbon fixation pathways in photosynthetic organisms）中相关酶在蛋白水平大多数被识别且有上调表达趋势，在寡营养处理的蛋白组中无此发现。对寡营养处理、烯效唑处理和全营养对照的转录组表达量进行对比分析，相关酶的转录本表达情况如图 6-1 所示。

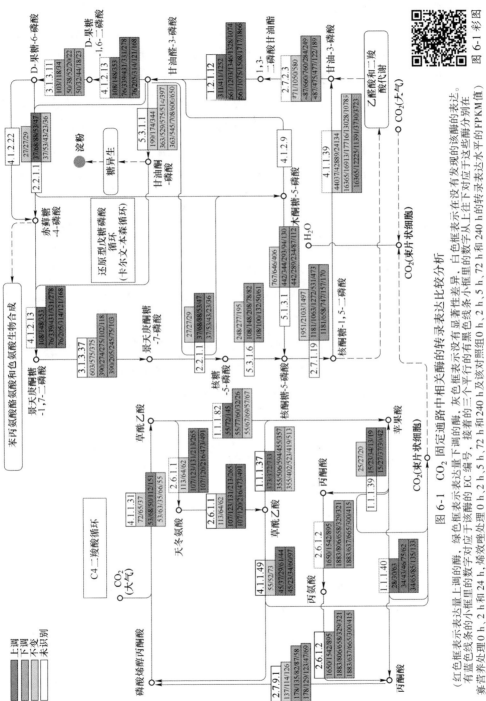

图 6-1 CO₂ 固定通路中相关酶的转录表达比较分析

（红色框表示表达量上调的酶，绿色框表示量下调的酶，灰色框表示没有差异性，白色框表示在没有发现的该酶的表达。有蓝色线条的 EC 编号，接着的数字上有黑色线条小框是线条小框及应于平行的有黑色线条小框组 0 h，2 h，5 h，72 h 和 240 h 的转录表达水平的 FPKM 值）

算营养处理 0 h，2 h 和和 24 h，烯效唑处理 0 h，2 h，5 h，72 h 和 240 h 及该对照组 0 h，2 h，5 h，72 h 和 240 h 的转录表达水平在

从图 6-1 中可以看出，除了果糖-6-磷酸转酮酶（EC：4.1.2.22）和磷酸转酮酶（EC：4.1.2.9）未发现转录情况外，转录组分析中 CO_2 固定通路中相关酶绝大多数得到转录识别。在不同处理和对照下酶的转录水平表达有差异。C4 光合生物的 CO_2 固定通路包括两个部分：C4 二羧酸循环和还原型戊糖磷酸循环（卡尔文-本森循环）。图 6-1 中左半部分是 C4 二羧酸循环，为 C4 植物初始固定空气中二氧化碳的部分，其中所有的酶在转录水平均有所表达。不同组对比可以发现，在烯效唑处理下，C4 二羧酸循环部分转录上调表达的酶较多。特别值得注意的是，C4 途径 CO_2 固定中最关键的酶，即磷酸烯醇式丙酮酸羧化酶（EC：4.1.1.31；PEPC），初始固定 CO_2 中起非常重要的作用。其转录本表达量只在烯效唑处理提高，在 0 h、2 h、5 h、72 h 和 240 h 各个时间点的表达量分别为 53 FPKM、68 FPKM、50 FPKM、112 FPKM 和 151 FPKM。而在寡营养处理和全营养对照组样品中表达量则维持不变，在寡营养处理 0 h、2 h 和 24 h 等各个时间点的表达量分别为 72 FPKM、65 FPKM 和 37 FPKM，在全营养处理对照组 0 h、2 h、5 h、72 h 和 240 h 各个时间点的表达值分别为 53 FPKM、63 FPKM、35 FPKM、66 FPKM 和 55 FPKM。寡营养处理也能实现高淀粉积累，和烯效唑处理和全营养对照组相比，寡营养处理可以促使苹果酸脱氢酶（NADP+）（EC：1.1.1.82）的转录上调表达。在寡营养处理 0 h、2 h 和 24 h 时，其表达量分别为 55 FPKM、72 FPKM 和 145 FPKM。而烯效唑处理下，其表达量逐渐降低；在 0 h、2 h、5 h、72 h 和 240 h 时，其表达值分别为 55 FPKM、77 FPKM、60 FPKM、32 FPKM 和 26 FPKM。在全营养处理对照组维持不变，在相同的时间下，其表达值分别为 55 FPKM、67 FPKM、69 FPKM、57 FPKM 和 67 FPKM。

当 CO_2 在初始 C4 途径中固定后，会进入图 6-1 中右半部分的卡尔文-本森循环，进一步合成淀粉、蔗糖或者其他含碳化合物。与寡营养处理和全营养处理对照组相比，烯效唑处理使得卡尔文循环中最多的相关酶转录上调表达。从图 6-1 中可以看出，随着培养时间延长、营养的消耗，三种条件下的甘油醛-3-磷酸脱氢酶（EC：1.2.1.12）和果糖-二磷酸醛缩酶（EC：4.1.2.13）的转录表达量均上调。只有烯效唑处理可以促使转酮醇酶（EC：2.2.1.1）转录本表达量上调，其表达量在处理 0 h、2 h、5 h、72 h 和 240 h 分别为 37 FPKM、68 FPKM、88 FPKM、53 FPKM 和 47 FPKM；而寡营养处理和全营养对照组的表达量则维持不变。在寡营养处理下 0 h、2 h 和 24 h 时，其表达量分别为 27 FPKM、27 FPKM 和 29 FPKM，在全营养处理对照组的 0 h、2 h、5 h、72 h 和 240 h，其表达值分别为 37 FPKM、53 FPKM、43 FPKM、23 FPKM 和 36 FPKM。核酮糖-1,5-二磷酸羧化酶（EC：4.1.1.39；RuBisCO），作为所有光合生物中卡尔文循环中固定 CO_2 的关键酶。在本实验研究所有的组别中，RuBisCO 转录表达量均较大，在烯效唑处理下 0 h、2 h、5 h、72 h 和 240 h 表达量分别为 16365 FPKM、16913 FPKM、17716 FPKM、13028 FPKM 和 10785 FPKM。但在寡营养处理和烯效唑处理中，其转录本表达量趋势维持不变，在全营养处理对照组中，其转录本表达量逐渐降低。

6.2.3 淀粉代谢通路中相关酶的转录组水平分析

淀粉是浮萍储存能量的最主要的方式，也是其能源化利用最主要的原料来源。淀粉有直链淀粉和支链淀粉两类形式存在。对寡营养处理、烯效唑处理和全营养处理对照的浮萍进行转录组分析，对比分析了淀粉代谢通路中相关酶的表达差异，其结果如图 6-2 所示。

从图 6-2 中可以看出，相同的酶在不同组的浮萍样品中转录表达趋势不同。植物淀粉合成的底物主要来自于 α-D-葡萄糖-1-磷酸，而 α-D-葡萄糖-1-磷酸来自于光合作用的产物。淀粉的合成一般主要由以下关键酶介导，其中包括 ADPG 焦磷酸化酶（EC：2.7.7.27；AGP）、可溶性淀粉合成酶（EC：2.4.1.21；SSS）、颗粒结合型淀粉合成酶（EC：2.4.1.242；GBSS）、淀粉分支酶（EC：2.4.1.18；SBE）。转录组分析结果显示，寡营养处理和烯效唑处理同时促进了淀粉合成中最关键的两个酶 AGP 和 GBSS 的转录本上调表达，而对照组却出现了相反的下调表达。寡营养处理下 0 h、2 h 和 24 h 样品中，AGP 的表达量分别为 20 FPKM、57 FPKM 和 208 FPKM，在 24 h 时转录剧烈增加，表达量接近初始的 10 倍。烯效唑处理也增加了 AGP 的转录表达，但表达量没有寡营养处理增长明显，在处理 0 h、2 h、5 h、72 h 和 240 h 各个时间点样品中，其表达量分别为 24 FPKM、19 FPKM、17 FPKM、36 FPKM 和 95 FPKM，和初始相比表达量上调了 4 倍左右。在全营养处理对照组的同时间点 AGP 的表达量分别为 24 FPKM、32 FPKM、10 FPKM、12 FPKM 和 16 FPKM。类似地，寡营养处理下 0 h、2 h 和 24 h，颗粒结合型淀粉合成酶 GBSS 的表达量分别为 78 FPKM、202 FPKM 和 426 FPKM，在 24 h 时的表达量是初始的 5.5 倍。烯效唑处理下，0 h、2 h、5 h、72 h 和 240 h 各个时间点，其表达量分别为 106 FPKM、103 FPKM、45 FPKM、168 FPKM 和

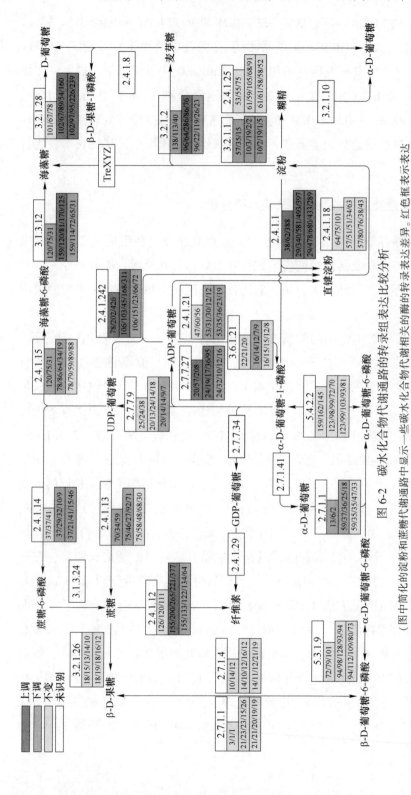

图 6-2 碳水化合物代谢通路的转录组表达比较分析

(图中简化的淀粉和蔗糖代谢通路中显示一些碳水化合物代谢相关的酶的转录表达差异。红色框表示表达量上调的酶,绿色框表示表达量下调的酶,灰色框表示没有显著性差异,白色框表示没有发现的该酶的表达。有蓝色条小框里的数字对应于该酶的 EC 编号,接着三个平行的有黑色线条小框里的数字从上到下对应于这些酶在寡营养处理 0 h、2 h 和 24 h,烯效唑处理 0 h、2 h、5 h、72 h 和 240 h 及该对照组 0 h、2 h、5 h、72 h 和 240 h 的转录表达水平的 FPKM 值)

图 6-2 彩图

311 FPKM。在全营养处理对照组的相同时间点 GBSS 的表达量分别为 106 FPKM、151 FPKM、23 FPKM、66 FPKM 和 72 FPKM。寡营养处理下可溶性淀粉合成酶 SSS 的转录表达趋势不变，而在烯效唑处理和全营养处理对照组中，其转录表达呈下降趋势。在所有组中，淀粉分支酶 SBE 的转录表达没有显著性变化。

植物体内合成的淀粉会被降解酶 α-淀粉酶（EC：3.2.1.1；α-AMY）和 β-淀粉酶（EC：3.2.1.2；β-AMY）所降解，生成葡聚糖和麦芽糖等产物。在寡营养处理、烯效唑处理和全营养处理对照组中 α-AMY 的转录表达均下降。寡营养处理下，α-AMY 表达量从初始的 57 FPKM 下降至 24 h 的 15 FPKM，表达水平显著降低。和寡营养处理相比，烯效唑处理和全营养处理对照组均具有较低的转录表达值。烯效唑处理诱导了 β-AMY 转录表达上升，但和寡营养处理相比其表达量较低。而寡营养处理和对照组的 β-AMY 随着处理时间增加表达趋势逐渐下降，其中寡营养处理下降趋势最为明显，从初始的 138 FPKM 下降至 24 h 的 40 FPKM，降低至 3.5 倍左右。

淀粉的代谢过程还涉及其他碳水化合物代谢分支，包括和淀粉合成竞争底物 D-葡萄糖-1-磷酸进行蔗糖、纤维素和海藻糖的合成，蔗糖合成酶（EC：2.4.1.13；SuSy）和蔗糖磷酸合成酶（EC：2.4.1.14；SPS）参与蔗糖的合成。SuSy 在寡营养处理和烯效唑处理下均下调表达，在全营养处理对照组中维持不变。SPS 在寡营养处理下维持不变，在烯效唑处理和全营养处理对照组中下调表达。催化纤维素合成的纤维素合成酶（EC：2.4.1.12；CESAs）在三种条件下表达趋势均不同，在寡营养处理下维持不变，在烯效唑处理下具有上升的表达趋势，而在全营养处理对照组中表达水平逐渐下降。海藻糖-6-磷酸合成酶（EC：2.4.1.15；TPS）和海藻糖-6-磷酸磷酸酶（EC：3.1.3.12；TPP）参与海藻糖的合成。TPS 在寡营养处理和烯效唑处理下转录表达下调，而在全营养处理对照组中则没有明显的变化，TPP 在烯效唑处理下表达轻微上升，在寡营养处理和全营养处理对照组中则具有下降表达趋势。

除了上述重要关键酶的转录表达分析，淀粉代谢通路中许多酶在调节浮萍淀粉高淀粉积累中发挥着重要的作用。研究还发现，在与淀粉合成相竞争的碳水化合物代谢分支中，己糖激酶（EC：2.7.1.1；HXK）参与调节 D-己糖（例如 D-葡萄糖、D-果糖、D-甘露糖）磷酸化产生 D-己糖-6-磷酸的过程，是植物体内的重要酶素，这个过程会消耗一个 ATP，并使其转变成 ADP。在三个转录组的比较分析中，HXK 的转录变化趋势均维持不变。研究发现，海藻糖通过激活淀粉合成的关键酶 ADP-葡萄糖焦磷酸化酶，从而参与植物碳水化合物代谢。海藻糖还在植物细胞信号转导网络中介导包括脱落酸、细胞分裂素等植物激素信号传导途径，这些信号转导途径可能导致更广泛的生理效应，特别是在烯效唑处理下调节内源性激素信号，从而调节淀粉的积累。转录组比较分析表明，和全营养处理对照组相比，寡营养处理和烯效唑处理下，一些重要的参与淀粉合成的关键酶如 AGP 和 GBSS 表达量上调，而调节淀粉进行降解和其他碳水化合物代谢分支中的酶下调或者低水平转录表达，结果均有助于浮萍的高淀粉积累。不同处理的对比分析可以较好地帮助理解各种处理下浮萍的高淀粉积累，但其中还有许多未知的调节机制有待进一步研究。

6.3 小 结

全营养处理对照组浮萍的转录组统计结果显示，本次转录组测序具有较好的数据质量，寡营养处理、烯效唑处理和全营养处理对照组的比较转录组学分析提供了浮萍全面的转录组表达谱差异。通过研究不同处理下浮萍 CO_2 固定通路和淀粉代谢通路中酶的转录表达模式，对淀粉快速积累的分子机制进行阐述，最终揭示了不同处理下浮萍淀粉快速大量积累的一般共性机理和特异机理。特别是，只有烯效唑处理提高了 C4 途径 CO_2 固定中最关键的酶磷酸烯醇式丙酮酸羧化酶（PEPC）的转录上调表达，而在寡营养处理和对照样品中表达量则维持不变。更为重要的是，转录组分析淀粉代谢通路显示，和全营养处理对照相比，寡营养处理和烯效唑处理均不同程度地提高了淀粉合成关键酶的基因表达量，而在淀粉降解以及与淀粉合成相互竞争底物的其他碳水化合物代谢分支酶的表达却有不同。寡营养处理显著下调了淀粉降解和旁路分支中的酶转录表达，而烯效唑处理使得淀粉降解分支中的酶低转录表达。浮萍淀粉代谢通路中的相关酶上调或者下调的转录表达均使得代谢流中更多地使固定的 CO_2 流向淀粉合成通路，最终导致生物量和淀粉的积累。相关的比较转录组学研究分析还需结合生理生化分析进行更详细的解析，可以为浮萍积累高淀粉提供理论指导，为今后在生物能源领域的研究利用提供新的思路。

7 少根紫萍基因家族及淀粉、黄酮-木质素代谢通路分析

越来越多的研究表明，浮萍亚科植物有许多特别的生理特性，如浮水生并具有极高的生长速率；特殊处理条件下，快速获得高淀粉积累；能在多种重金属水体环境下生长繁殖，并表现出优秀的重金属富集能力；能在多种生活污水中生长，并表现出较高的淀粉和蛋白积累效果；木质素含量低，而黄酮的含量高。同时，这些生理特性在浮萍亚科内不同种属也存在一定的差异。在这些优秀的能力之中最引人注目的是少根紫萍淀粉积累能力和高黄酮低木质素含量的特性，使其具有作为能源植物和药用植物的潜能。

在本研究中，首先，基于少根浮萍 *Landoltia punctata*、多根浮萍 *Spirodela polyrhiza* strain 7498、绿萍 *Lemna minor*、拟南芥 *Arabidopsis thaliana*、水稻 *Oryza sativa* 和玉米 *Zea mays* 的基因组数据，通过 Blastp 与 OrthoMCL 联用等方法进行物种间基因家族分析。其次，以 KEGG 数据库和现有对淀粉、黄酮、木质素的研究为参照，对淀粉代谢通路和苯丙氨酸-黄酮-木质素通路进行 6 个物种比较分析。通过此研究，希望在基因组水平对浮萍亚科特性做一定的解释，为后续的应用研究提供理论指导，特别是少根紫萍高淀粉积累及高黄酮含量的生物资源的优化。

为了充分了解浮萍亚科植物在多方面表现出的生理特性机理，本研究对三个已有基因组注释的浮萍以及拟南芥、玉米、水稻进行了功能基因组比较分析；研究发现，浮萍亚科植物整体在基因数量上呈收缩的趋势。基于浮萍特别的淀粉积累和高黄酮低木质素生理特性，对其相关代谢酶与参考物种比较分析，结果表明浮萍淀粉合成关键酶（AGPase、GBSS）和淀粉降解相关酶（AMY）的数量都显著收缩；在苯丙氨酸的两个支路木质素和黄酮代谢通路中，相对于木质素合成的关键酶（HCT 和 CCR）以及木质素单体合成酶（LAC 和 PRX）的基因数量显著减少，黄酮合成的相关酶数量并未呈现明显收缩，甚至黄酮合成通路的末端 flavonoid 3′-monooxygenase 有扩张的趋势。此研究结果在一定程度上解释了浮萍调控型淀粉快速积累和高黄酮低木质素含量的生理特性，同时为后续浮萍生理研

究和资源开发提供了重要的理论数据。

7.1 材料与方法

7.1.1 数据材料

本研究所用数据材料如下：

（1）少根浮萍 *Landoltia punctata* 基因组数据；

（2）多根紫萍 *Spirodela polyrhiza* strain 9509 基因组数据，GenBank assembly accession：GCA_ 001981405.1；

（3）多根紫萍 *Spirodela polyrhiza* strain 7498 基因组数据，GenBank assembly accession：GCA_ 000504445.1；

（4）拟南芥 *Arabidopsis thaliana* 基因组数据，TAIR 10，http：//www. arabidopsis. org/index. jsp；

（5）水稻 *Oryza sativa* 基因组数据，Os-Nipponbare-Reference-IRGSP-1.0，http：//rapdb. dna. affrc. go. jp/；

（6）玉米 *Zea mays* 基因组数据，B73 RefGen_V3，http：//www. maizegdb. org/。

7.1.2 软件使用

本研究使用软件对比分析如下：

（1）比对分析：https：//blast. ncbi. nlm. nih. gov/Blast. cgi；

（2）同源基因分析：http：//orthomcl. org/orthomcl/；

（3）基因集富集分析：https：//www. python. org/。

7.1.3 分析流程

分析流程为：

（1）Blastp。各序列两两进行 Blastp，比对结果中 $E<1\times10^{-7}$ 的基因对被认为是物种间同源基因。

（2）基因家族归类。使用 OrthoMCL 将彼此同源的基因归为同一个家族。

（3）基因家族整体分析及进化分析。根据家族分析结果在物种间对基因家族进行比较分析，进化分析中构建进化树使用的方法：1）将属于同一个单拷贝基因家族的不同物种蛋白序列利用软件 Muscle 进行多序列比对，然后通过每个蛋白序列和其所对应的核酸序列，将蛋白的多序列比对结果转换成核酸的多序列比对结果。2）将所有的单拷贝基因家族的核酸多序列比对结果，首尾相连拼接在一起，得到用于进化树构建的总单拷贝基因核酸序列文件。3）使用 NJ 法建树，bootstrap1000 次进行检验，得到了进化树。

（4）特定代谢通路分析。根据家族分析结果，以现有研究结果和 KEGG 数据库代谢通路为指导，对关注的代谢通路统计分析。

7.2 结果与讨论

7.2.1 基因家族分析结果与讨论

在已有的基因组注释的浮萍亚科物种中，少根紫萍 *Landoltia punctata*、多根紫萍 *Spirodela polyrhiza* strain 7498、多根紫萍 *Spirodela polyrhiza* strain 9509、绿萍 *Lemna minor* 基因数目分别为 22436、19623、18507、22382。

浮萍亚科物种与其他植物基因数进行比较分析，表 7-1 统计了 31 个物种基因组基因数量，其中有代表性的双子叶模式物种拟南芥 *Arabidopsis thaliana* 基因组大小 125 M 包含 27416 个基因、单子叶模式物种水稻 *Oryza sativa* 基因组大小 466 M 包含 35668 个基因、单子叶禾本科玉米 *Zea mays* ssp. mays 基因组大小 2.3 G 包含 39498 个基因、被子植物基底植物无油樟 *Amborella trichopoda* 基因组大小 748 M 包含 26846 个基因、裸子植物云杉 *Picea abies* 基因组大小 17 G 包含 28354 个基因、苔藓植物小立碗藓 *Physcomitrella pattens* 基因组大小 480 M 包含 27970 个基因、蕨类卷柏 *Selaginella moellendorffii* 基因组大小 212 M 包含 22285 个基因、褐藻门海带科海带 *Saccharina japonica* 基因组大小 537 M 包含 18733 个基因。可见，不论基因组大小（拟南芥 125 M，玉米 2.3 G），不论其属于哪个科，一般高等的开花植物基因组的基因数量为 30000 个左右，低等的植物其基因数量为 20000 个左右。而浮萍是高等开花植物，其基因数目也是 20000 左右，说明浮萍亚科物种基因有收缩的趋势；并且不像其他开花植物有明显的器官分化，浮萍整个植株高度退化成叶状体形态，也进一步说明浮萍在某些功能方面有基因收缩。

表7-1　多个科31个植物基因数统计

物　种	分　类	发表日期	发表杂志	基因数/个
少根紫萍 *Landoltia punctata*	单子叶浮萍科	—	—	22436
多根紫萍 *Spirodela polyrhiza* strain 7498	单子叶浮萍科	201402	Nature Communication	19623
多根紫萍 *Spirodela polyrhiza* strain 9509	单子叶浮萍科	201610	TPJ	18507
绿萍 *Lemna minor*	单子叶浮萍科	201511	BT	22382
拟南芥 *Arabidopsis thaliana*	双子叶十字花科	200012	Nature	27416
水稻 *Oryza sativa*	单子叶禾本科	200204	Science	35668
小立碗藓 *Physcomitrella pattens*	苔藓	200801	Science	27970
玉米 *Zea mays* ssp. mays	单子叶禾本科	200911	Science	39498
卷柏 *Selaginella moellendorffii*	蕨类	201105	Science	22285
谷子 *Setaria italica*	单子叶禾本科	201205	Nature Biotechnology	24000
香蕉 *Musa acuminata*	单子叶芭蕉科	201207	Nature	36542
芝麻 *Sesamum indicum* L.	双子叶胡麻科	201301	Genome biology	23713
毛竹 *Phyllostachys heterocycla*	单子叶竹科	201302	Nature genetics	31987
云杉 *Picea abies*	裸子植物松科	201305	Nature	28354
中国莲 *Nelumbo nucifera* Gaertn	双子叶睡莲科	201305	Genome biology	26685
油棕榈 *Elaeis guineensis*	单子叶棕榈科	201308	Nature	34802

续表 7-1

物　　种	分　类	发表日期	发表杂志	基因数/个
无油樟 *Amborella trichopoda*	被子基底	201312	Science	26846
辣椒 *Capsicum annuum*	双子叶茄科	201401	Nature genetics	34903
甜菜 *Beta vulgaris*	双子叶藜科	201401	Nature	27421
巨桉树 *Eucalyptus grandis*	双子叶桃金娘科	201406	Nature	36376
咖啡 *Coffea canephora*	双子叶茜草科	201410	Science	25574
蝴蝶兰 *Phalaenopsis equestris*	单子叶兰科	201411	Nature genetics	29431
青稞 *Hordeum vulgare* L. var. nudum	单子叶禾本科	201412	PNAS	36151
海带 *Saccharina japonica*	褐藻门海带科	201504	Nature Communication	18733
凤梨 *Ananas comosus*（L.）Merr.	单子叶凤梨科	201510	Nature genetics	27024
小豆 *Vigna angularis*	双子叶豆科	201510	PNAS	34183
复活草 *Oropetium thomaeum*	鼠尾草亚科	201511	Nature	28466
大叶藻 *Zostera marina*	泽泻目大叶藻科	201602	Nature	20450
菜豆 *Phaseolus vulgaris* L.	双子叶豆科	201603	Genome biology	30491
丹参 *Salvia miltiorrhiza*	双子叶唇形科	201603	Moleculer biology	30478
橡胶树 *Hevea brasiliensis*	双子叶大戟科	201605	Nature plant	43792

从水稻、拟南芥、玉米、少根紫萍、多根紫萍 Sp7498、绿萍 6 个物种基因家族分析发现，6 个物种各自独有的基因家族中（见图 7-1），拟南芥有 8668 个家

族 (9416 个基因)，玉米有 10424 个家族 (14095 个基因)，水稻有 15565 个家族 (15966 个基因)，而浮萍科植物多根紫萍 Sp7498 有 4857 个家族 (4874 个基因)，绿萍有 4897 个家族 (5685 个基因)，少根紫萍有 7112 个家族 (7269 个基因)。三个浮萍种各自特有的基因家族数量只有其他三个物种一半左右，这个结果也表明浮萍亚科物种基因数量整体上有较大的收缩。

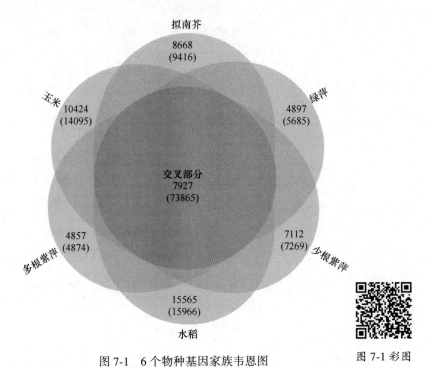

图 7-1　6 个物种基因家族韦恩图

图 7-1 彩图

(图中数字表示基因家族数（括号里为基因数），中间表示 6 个物种共有的基因家族，其他表示各自独有的记忆家族)

　　6 个物种全基因组单拷贝基因进化分析（见图 7-2）表明，在浮萍亚科内多根紫萍与少根紫萍的亲缘关系相对要近，而与绿萍的亲缘关系相对要远一点，这与之前的研究相符。

7.2.2　淀粉代谢通路分析结果与讨论

　　如图 7-3 所示，浮萍亚科三个种与拟南芥、水稻、玉米三个参考物种进行淀粉代谢相关酶数量比较分析，结果表明浮萍淀粉代谢通路的相关酶整体上也是呈收缩趋势。在淀粉代谢的几个关键酶中，淀粉合成相关的葡萄糖焦磷酸酶

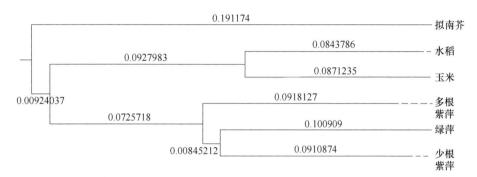

图 7-2 6 个物种相对进化分析

(图中单位为核苷酸替换率)

（AGPase）、颗粒结合淀粉合成酶（GBSS）和淀粉降解相关的 α-淀粉酶（α-AMY）在数量上相对三个参考植物都显著收缩（见表 7-2），即不论是在淀粉合成方向还是淀粉降解方向浮萍的相关酶数量都是呈收缩趋势。正常条件下少根紫萍淀粉含量很低，而其高淀粉快速积累是在寡营养、烯效唑等特殊处理条件下进行的，并且在处理条件下，其淀粉合成的关键酶表达量显著上调，说明淀粉积累特性是基因表达调控的结果。此结果提示，浮萍具有作为一种可通过外源调控或者基因改造而获得超高能源积累速率的能源植物潜能。

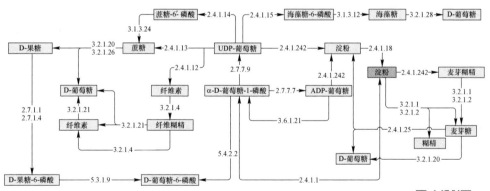

图 7-3 淀粉和蔗糖代谢通路

图 7-3 彩图

表 7-2　淀粉代谢关键酶基因数量　　　　　　（个）

名　　称	酶编号	KO 编号	少根紫萍	绿萍	多根紫萍	拟南芥	水稻	玉米
UTP-葡萄糖-1-磷酸尿苷基转移酶	2.7.7.9	K00963	2	1	2	2	3	2
葡萄糖-1-磷酸腺苷酸转移酶	2.7.7.27	K00975	4	2	4	6	6	7
颗粒结合淀粉合成酶	2.4.1.242	K13679	1	1	1	1	2	2
淀粉合成酶	2.4.1.21	K00703	2	2	2	2	4	4
1,4-α-葡聚糖分支酶	2.4.1.18	K00700	4	3	3	3	3	5
α-淀粉酶	3.2.1.1	K01176	1	1	1	2	8	6
β-淀粉酶	3.2.1.2	K01177	4	5	4	5	4	8

7.2.3　黄酮-木质素代谢通路分析结果与讨论

黄酮-木质素的代谢是从三氨基酸合成代谢分支出来的（见图 7-4），糖酵解和戊糖磷酸途径代谢产生的 1 分子 4-磷酸-D-赤藓糖（D-erythrose 4-phosphate，E4P）与 2 分子磷酸烯醇丙酮酸盐（phosphoenolpyruvate，PEP）进入莽草酸酯途径。莽草酸酯途径产物分支酸（Chorismate），一方面在邻氨基苯甲酸合成酶（anthranilate synthase，AS）作用下进入色氨酸（Trp）合成途径，另一方面在分支酸变位酶（chorismate mutase，CM）作用下进入苯丙氨酸（Phe）和酪氨酸（Tyr）合成途径。苯丙氨酸途径合成的苯丙氨酸在苯丙氨酸氨裂解酶（phenylalanine ammonia-lyase，PAL）、反式肉桂酸-4-单加氧酶（trans-cinnamate 4-monooxygenase，C4H）及 4-香豆酸-CoA 连接酶（4-coumarate-CoA ligase，4CL）作用下生成 4-酰基辅酶 A（4-Coumaroyl-CoA）。最后，4-酰基辅酶 A 在不同的酶作用下分别进入木质素合成途径和类黄酮合成途径。

同淀粉代谢通路分析一样，对几个物种的三氨基酸（Phe-Tyr-Trp）-黄酮-木质素代谢通路代谢酶数目进行分析。三氨基酸代谢通路，与色氨酸或苯丙氨酸/酪氨酸合成的酶都呈现收缩的趋势。苯丙氨酸之后下游的木质素和类黄酮合成的关键酶数目见表 7-3，木质素和黄酮通路共同的三个酶是 PAL、C4H、4CL，其中 PAL、4CL 都有收缩的趋势，之后木质素合成通路的关键酶几乎都呈现收缩的趋势，其中木质素合成两个关键酶莽草酸酯羟基肉桂酰转移酶（shikimate O-hydroxycinnamoyltransferase，HCT）、肉桂酰-CoA 还原酶（cinnamoyl-CoA reductase，CCR）以及木质素单体合成相关的漆酶（laccase，LAC）、过氧化物酶

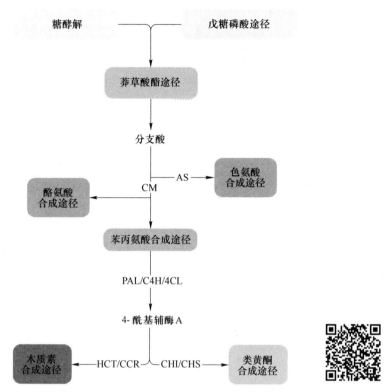

图 7-4   三氨基酸（Phe-Tyr-Trp）-黄酮-木质素代谢通路的关系

图 7-4 彩图

（AS：邻氨基苯甲酸合成酶；CM：分支酸变位酶；PAL：苯丙氨酸氨裂解酶；C4H：反式肉
桂酸-4-单加氧酶；4CL：4-香豆酸-CoA 连接酶；CCR：肉桂酰-CoA 还原酶；HCT：莽草酸
酯羟基肉桂酰转移酶；CHI：查尔酮异构酶；CHS：查尔酮合成酶）

（peroxidase，PRX）收缩非常明显：浮萍的这三个酶平均数量分别只有 1 个、2
个、6 个、33 个，而三个参考物种的平均数量为 7 个、8 个、22 个、108 个。相
对于木质素合成，浮萍黄酮合成的相关酶并未呈现较明显的收缩趋势，基本与其
他三个参考物种持平，并且类黄酮 3′-单加氧酶（flavonoid 3′-monooxygenase，此
酶属于黄酮合成末端的酶，参与多种黄酮的合成）有扩张的趋势：少根紫萍、绿
萍、多根紫萍 Sp7498、拟南芥、水稻、玉米数目分别为 6 个、1 个、4 个、1 个、
2 个、4 个。

综上所述，浮萍木质素合成相关酶数量收缩较黄酮合成相关酶明显，因此 4-
Coumaroyl-CoA 流向黄酮合成方向相对较多，这与浮萍在正常生长状态下，其木
质素含量低而黄酮含量高的现象相符。木质素作为植物抗生物胁迫和抗重力的重

要支持结构组成成分，而黄酮在植物抗逆境胁迫发挥着重要作用，推测浮萍由于是浮水生且个体小无需强大的抗重力能力，并且浮萍高黄酮含量在一定程度上弥补了木质素缺乏带来的抗性问题。

表 7-3 黄酮-木质素代谢关键酶数量　　　　　　　（个）

通路	名称	酶编号	KO 编号	少根紫萍	绿萍	多根紫萍	拟南芥	水稻	玉米
木质素	PAL	4.3.1.24	K10775	4	3	3	4	8	12
	C4H	1.14.13.11	K00487	4	2	3	1	3	4
	4CL	6.2.1.12	K01904	4	6	6	7	8	10
	COMT	2.1.1.68	K13066	6	3	5	1	5	2
	CCoAOMT	2.1.1.104	K00588	1	1	0	4	2	3
	CCR	1.2.1.44	K09753	1	1	1	2	13	6
	CAD	1.1.1.195	K00083	8	9	4	9	12	8
	F5H	1.14.-.-	K09755	2	1	1	2	2	2
	PRX	1.11.1.7	K00430 / K11188	39 / 2	28 / 1	28 / 2	73 / 1	118 / 2	129 / 1
	LAC	1.10.3.2	K05909	5	5	5	17	29	21
	C3H	1.14.13.-	K15506	0	0	0	2	0	0
	HCT	2.3.1.133	K13065	2	2	3	1	9	14
黄酮	CHI	5.5.1.6	K01859	1	1	1	2	1	2
	CHS	2.3.1.74	K00660	1	1	1	1	2	2
	F3H	1.14.11.9	K00475	1	2	1	1	1	1

注：PAL：苯丙氨酸氨裂解酶；C4H：反式肉桂酸-4-单加氧酶；4CL：4-香豆酸-CoA 连接酶；COMT：咖啡酸 3-O-甲基转移酶；CCoAOMT：咖啡酰辅酶A-O-甲基转移酶；CCR：肉桂酰-CoA 还原酶；CAD：肉桂醇脱氢酶；F5H：阿魏酸-5-羟化酶；PRX：过氧化物酶；C3H：香豆酸-3-羟化酶；LAC：漆酶；HCT：莽草酸酯羟基肉桂酰转移酶；CHI：查尔酮异构酶；CHS：查尔酮合成酶；F3H：黄烷酮 3-羟化酶。

7.3 小　　结

三个浮萍种与其他植物基因数量比较分析，以及三个浮萍种、拟南芥、玉米和水稻 6 个物种进行基因家族比较分析表明，浮萍整体在基因数量上呈现收缩的趋势。相对参考植物，与浮萍显著的淀粉合成和高黄酮低木质素含量生理特性的关键酶中，与淀粉合成相关的葡萄糖焦磷酸酶（AGPase）、颗粒结合淀粉合成酶（GBSS）和淀粉降解相关的 α-淀粉酶（α-AMY）的数量都显著收缩；木质素合成的相关酶总体呈现收缩的趋势，并且相对黄酮合成的相关酶数量，木质素合成的莽草酸酯羟基肉桂酰转移酶（shikimate O-hydroxycinnamoyltransferase，HCT）、肉桂酰-CoA 还原酶（cinnamoyl-CoA reductase，CCR）以及木质素单体合成相关的过氧化物酶（peroxidase，PRX）、漆酶（laccase，LAC）基因数量收缩更加显著，甚至类黄酮 3′-单加氧酶（flavonoid 3′-monooxygenase）有扩张的趋势。此研究结果在一定程度上解释了浮萍调控型淀粉快速积累、高黄酮低木质素含量的生理特性，同时为浮萍其他生理研究和生物资源开发利用研究提供理论指导。

8　少根紫萍转录因子预测及分析

在植物生长发育过程的不同时期，基因表达不尽相同。基因表达调控在基本的生长发育、生长周期转换、抵抗逆境以及环境适应等方面有重要作用，这也是生物多样性的重要基础。

基因表达调控是由多个方面机制交叉互作的结果：DNA 甲基化、组蛋白修饰、转录因子、micRNA、cirRNA、lncRNA、siRNA 等，其中转录因子（transcription factors，TFs）作为反式作用因子对基因的表达调控有不可忽视的作用，其能与 DNA 序列上的 DBD（DNA 结合域）特异性结合，促进或抑制基因的表达以达到调控生命活动的作用，在植物生长发育和抵抗胁迫中起很重要的作用。

随着测序技术和计算能力的飞速发展，越来越多的物种基因组遗传信息被人们逐渐解读。转录因子作为表达调控的重要成分，其研究越来越深入，并且PlnTFDB（2010）植物转录因子数据库、AtTFDB（2011）拟南芥转录因子数据库，PlantTFcat（2013）植物转录因子数据库、PlantTFDB（2014）北京大学植物转录因子数据库的出现，为转录因子的相关研究提供了重要的信息来源。浮萍作为水生植物，有强大的环境适应能力，能在多种水体生长，虽然浮萍亚科已发表了 3 篇基因组文章，但是与浮萍转录因子相关的研究报道很少。因此，本研究旨在宏观水平上对浮萍亚科内物种进行比较，并与拟南芥、水稻、玉米比较，从转录因子层面对浮萍环境适应能力做一定的解释，并为浮萍后续实验研究和资源开发利用给予一定的理论指导。

转录因子在植物生长、发育和抗逆过程中有非常重要的作用。本研究使用iTAK 对浮萍转录因子预测，少根浮萍 *Landoltia punctata*、多根紫萍 *Spirodela polyrhiza* strain 7498、绿萍 *Lemna minor* 的转录因子基因数分别为 1076 个（66 个家族）、1110 个（68 个家族）、1148 个（67 个家族），且三个浮萍种大部分家族转录因子基因数相对均衡，差异比较大的几个家族分别是 AP2/ERF-ERF、C2C2-Dof、CSD、FAR1、HB-KNOX、MADS、MYB-related、NAC、TCP 和 WRKY。与

iTAK 数据库拟南芥 *Arabidopsis thaliana*、水稻 *Oryza sativa*、玉米 *Zea mays* 转录因子基因数比较，浮萍转录因子数量整体上呈收缩趋势，并且其中 AP2/ERF-ERF、B3、bHLH、bZIP、GeBP、C2H2、GRAS、HB-HD-ZIP、HSF、MADS、MYB、NAC、WRKY 等家族明显减少，这些家族的收缩可能与浮萍开花罕见、高黄酮低木质素含量、浮水生等生理特性有关。此研究结果为后续浮萍分子生物学研究与应用提供了数据支持和理论指导，同时为水生植物转录因子的研究添加新的材料。

8.1 材料与方法

8.1.1 数据材料

本实验数据材料如下：

（1）本实验室获得的少根紫萍 *Landoltia punctata* 基因组数据；

（2）多根紫萍 *Spirodela polyrhiza* strain 9509 基因组数据，GenBank assembly accession：GCA_001981405.1；

（3）多根紫萍 *Spirodela polyrhiza* strain 7498 基因组数据，GenBank assembly accession：GCA_000504445.1；

（4）绿萍 *Lemna minor* 基因组数据，CoGeGenome ID：27408；

（5）iTAK 数据库：http：//bioinfo. bti. cornell. edu/cgi-bin/itak/db_ home. cgi。

8.1.2 使用软件

本分析使用的软件有以下三种。

（1）转录因子预测：http：//bioinfo. bti. cornell. edu/cgi-bin/itak/index. cgi；

（2）R 语言：https：//www. r-project. org/；

（3）基因集富集分析：https：//www. python. org/。

8.1.3 分析流程

分析流程为：

（1）转录因子预测。使用 iTAK 分别对少根浮萍 *Landoltia punctata*、多根紫萍 *Spirodela polyrhiza* strain 7498、绿萍 *Lemna minor* 进行转录因子预测并统计

数目。

（2）比较分析。下载并统计 iTAK 数据库拟南芥 *Arabidopsis thaliana*、水稻 *Oryza sativa*、玉米 *Zea mays* 转录因子基因数量，结合物种特性进行浮萍亚科三个浮萍种转录因子分析，并与拟南芥、水稻、玉米进行比较分析。

8.2   结果与讨论

通过预测和统计，少根紫萍 *Landoltia punctata*、多根紫萍 *Spirodela polyrhiza* strain 7498、绿萍 *Lemna minor* 三个物种分别得到 1076 个（66 个家族）、1110 个（68 个家族）、1148 个（67 个家族）转录因子。浮萍亚科三个种比较分析表明，三个浮萍种大部分家族的基因数量相对均衡，差别比较大的几个家族分别是 AP2/ERF-ERF、 C2C2-Dof、 CSD、 FAR1、 HB-KNOX、 MADS、 MYB-related、 NAC、TCP、WRKY（见表 5-1）。在多数差别大的家族中，少根紫萍与多根紫萍在数量上更接近，如在三个种中 NAC 家族基因数分别为 50 个、53 个、18 个，AP2/ERF-ERF 家族基因数量分别为 69 个、68 个、102 个，MADS-M-type 家族基因数分别为 26 个、28 个、42 个，在一定程度上是由它们之间的亲缘关系决定的。

与 Itak 数据库中拟南芥、水稻、玉米数据比较，浮萍转录因子数量整体上呈现收缩的趋势（平均只有 1111 个），只有拟南芥的 62.4%、水稻的 58.4%、玉米的 43.2%（见表 8-1）。其中，AP2/ERF-ERF、B3、bHLH、bZIP、GeBP、C2H2、GRAS、HB-HD-ZIP、HSF、MADS、MYB、NAC、WRKY 等家族明显减少，而且三个浮萍种都没有预测出 DDT 家族成员。

表 8-1   6 个物种转录因子数量统计   （个）

转录因子家族	少根紫萍	多根紫萍	绿萍	拟南芥	水稻	玉米
AP2/ERF-ERF	69	68	102	128	140	193
B3	16	21	27	66	54	54
bHLH	76	82	74	137	135	183
bZIP	49	48	46	72	90	121
C2C2-Dof	24	26	8	36	30	47
C2H2	75	69	75	105	118	162

转录因子家族	少根紫萍	多根紫萍	绿萍	拟南芥	水稻	玉米
CSD	2	3	11	4	3	4
DBB	3	2	2	6	8	9
DDT	0	0	0	5	7	11
FAR1	6	14	12	17	74	19
GARP-G2-like	28	30	32	41	46	62
GeBP	4	8	4	20	17	28
GRAS	21	20	22	34	60	101
HB-HD-ZIP	21	18	17	42	40	56
HB-KNOX	6	3	12	8	9	13
HSF	13	13	11	24	25	29
MADS-MIKC	14	15	15	39	35	43
MADS-M-type	26	28	42	69	39	45
MYB	88	82	88	142	117	170
MYB-related	39	52	60	63	72	141
NAC	50	53	18	112	136	135
TCP	17	16	8	24	21	46
WRKY	53	43	59	73	101	130
其他家族	376	396	403	512	525	767
总数	1076	1110	1148	1779	1902	2569

MADS-box 转录因子家族在植物花发育中有重要作用，参与花的发育调节和器官决定。虽然浮萍属于高等开花植物，但是它是以无性繁殖为主的繁衍形式，这个特性可能与 MADS-box 家族减少有密切关系，而且绿萍相对较容易开花，这可能是因为其 MADS-box 家族基因数较多。NAC 是一个转录因子大家族，它在病原菌、病毒感染响应以及干旱、高盐、低温的抵抗中表现出强大的生物学防御功能，并且很多研究表明其在植物的木质形成和次生生长中扮演重要的角色。此外，黄酮合成和木质素合成是由苯丙氨酸代谢衍生出来的两条支路，木质素合成减少，原料相对更多流向黄酮的合成方向而导致浮萍黄酮含量高。木质素是植物支撑结构的重要组成成分，但浮萍是浮水生的生活方式，因而不需要强大的木质结构来抵抗地心引力。因此，NAC 家族基因数的收缩可能与浮萍高黄酮低木质素含量和水生生活特性相关。另外，水环境相对于陆地环境稳定性更高，很少受

到旱胁迫，并且受到盐、冷等胁迫相对陆生植物要少得多，这可能使浮萍舍弃了不必要的转录因子基因，特别是与植物旱、盐、冷防御等相关的 bZIP、WRKY、AP2/ERF-ERF、MYB 等转录因子家族，保留了其中应答水环境胁迫的相关基因。虽然浮萍 AP2/ERF-ERF 转录因子基因数量整体下降，但是绿萍的 AP2/ERF-ERF 基因数量明显高于其他 2 个浮萍种，而且有报道表明拟南芥和鼠耳芥中 AP2/ERF-ERF 基因在对镉胁迫有应答作用，这有助于解释和发掘绿萍去除水体重金属的能力。

8.3 小　　结

少根紫萍 *Landoltia punctata*、多根紫萍 *Spirodela polyrhiza* strain 7498、绿萍 *Lemna minor* 预测获得的转录因子数分别为 1076 个（66 个家族）、1110 个（68 个家族）、1148 个（67 个家族）。浮萍亚科三个种比较分析发现，其大部分家族的基因数相对均衡，差别比较大的几个家族分别是 AP2/ERF-ERF、C2C2-Dof、CSD、FAR1、HB-KNOX、MADS、MYB-related、NAC、TCP、WRKY。与拟南芥、水稻、玉米比较，结果表明浮萍 AP2/ERF-ERF、B3、bHLH、bZIP、GeBP、C2H2、GRAS、HB-HD-ZIP、HSF、MADS、MYB、NAC、WRKY 等家族明显减少，而且三个浮萍种都没有预测出 DDT 家族基因。结合浮萍生理特性分析，推测浮萍高黄酮低木质素含量、难开花现象与 NAC、MADS-box 家族基因数减少有关，其浮水生等特点与 bZIP、WRKY、AP2/ERF-ERF、MYB 等家族基因数减少有关。此研究结果宏观上在转录因子层面解释了浮萍高黄酮低木质素含量、难开花的现象，同时为不同种属浮萍的生理特性研究和应用提供理论指导，为转录因子研究提供新材料。

参 考 文 献

［1］ TILMAN D, SOCOLOW R, FOLEY J A, et al. Beneficial Biofuels—The Food, Energy, and Environment Trilemma ［J］. Science, 2009, 325 （5938）: 270-271.

［2］ CHIARAMONTI D, LIDEN G, YAN J Advances in sustainable biofuel production and use The XIX international symposium on alcohol fuels ［J］. Appl. Energ. , 2013, 102: 1-4.

［3］ DAIANOVA L, DOTZAUER E, THORIN E, et al. Evaluation of a regional bioenergy system with local production of biofuel for transportation, integrated with a CHP plant ［J］. Appl. Energ. , 2012, 92: 739-749.

［4］ THRAN D, KALTSCHMITT M. Competition-supporting or preventing an increased use of bioenergy? ［J］. Biotechnol. J. , 2007, 2 （12）: 1514-1524.

［5］ WALSH M E, UGARTE G D, SHAPOURI H, et al. Bioenergy crop production in the United States-Potential quantities, land use changes, and economic impacts on the agricultural sector ［J］. Environmen. Resour. Econ. , 2003, 24 （4）: 313-333.

［6］ GNANSOUNOU E, DAURIAT A. Techno-economic analysis of lignocellulosic ethanol: A review ［J］. Bioresource Technol. , 2010, 101 （13）: 4980-4991.

［7］ XU J L, SHEN G X. Growing duckweed in swine wastewater for nutrient recovery and biomass production ［J］. Bioresource Technol. , 2011, 102 （2）: 848-853.

［8］ 林宗虎. 生物质能的利用现况及展望 ［J］. 自然杂志, 2010, 32: 4.

［9］ CUI W, CHENG J J. Growing duckweed for biofuel production: A review ［J］. Plant Biology, 2015, 17: 16-23.

［10］ CABRERA L I, SALAZAR G A, CHASE M W, et al. Phylogenetic relationships of aroids and duckweeds（Araceae）inferred from coding and noncoding plastid DNA ［J］. Am. J. Bot. , 2008, 95 （9）: 1153-1165.

［11］ LES D H, LANDOLT E, CRAWFORD D J. Systematics of the Lemnaceae（duckweeds）: Inferences from micromolecular and morphological data ［J］. Plant Syst. Evol. , 1997, 204 （3/4）: 161-177.

［12］ 印万芬. 我国主要浮萍科植物的综合开发利用 ［J］. 资源节约和综合利用, 1998, 2: 46-48.

［13］ PIETERSE A H. Is flowering in Lemnaceae stress-induced? A review ［J］. Aquat. Bot. , 2013, 104: 1-4.

［14］ LEMON G D, POSLUSZNY U. Comparative shoot development and evolution in the Lemnaceae ［J］. Int. J. Plant Sci. , 2000, 161 （5）: 733-748.

[15] LEBLEBICI Z, AKSOY A. Growth and Lead Accumulation Capacity of Lemna minor and Spirodela polyrhiza (Lemnaceae): Interactions with Nutrient Enrichment [J]. Water, Air, Soil Poll., 2011, 214 (14): 175-184.

[16] PERRY T O. Dormancy, Turion Formation, and Germination by Different Clones of Spirodela polyrrhiza [J]. Plant Physiol., 1968, 43 (11): 1866-1869.

[17] GOOPY J P, MURRAY P J. A review on the role of duckweed in nutrient reclamation and as a source of animal feed [J]. Asian Austral. J. Anim., 2003, 16 (2): 297-305.

[18] ORON G. Duckweed culture for wastewater renovation and biomass production [J]. Agr. Water Manage, 1994, 26 (1): 27-40.

[19] 顾新娇, 王文国, 胡启春. 浮萍环境修复与生物质资源化利用研究进展 [J]. 中国沼气, 2013, 31 (5): 15-19.

[20] REID M, BIELESKI R. Response of Spirodela oligorrhiza to phosphorus deficiency [J]. Plant Physiol., 1970, 46 (4): 609-613.

[21] WANG W Q, MESSING J. Analysis of ADP-glucose pyrophosphorylase expression during turion formation induced by abscisic acid in Spirodela polyrhiza (greater duckweed) [J]. BMC Plant Biol., 2012, 12: 5-19.

[22] CHEN Q, JIN Y L, ZHANG G H, et al. Improving Production of Bioethanol from Duckweed (Landoltia punctata) by Pectinase Pretreatment [J]. Energies, 2012, 5 (8): 3019-3032.

[23] ZHAO H, APPENROTH K, LANDESMAN L, et al. Duckweed rising at Chengdu: Summary of the 1st International Conference on Duckweed Application and Research [J]. Plant Mol. Biol., 2012, 78 (6): 627-632.

[24] GE X, ZHANG N, PHILLIPS G C, et al. Growing Lemna minor in agricultural wastewater and converting the duckweed biomass to ethanol [J]. Bioresource Technol., 2012, 124: 485-488.

[25] XU J L, CUI W H, CHENG J J, et al. Production of high-starch duckweed and its conversion to bioethanol [J]. Biosyst. Eng., 2011, 110 (2): 67-72.

[26] APPENROTH K, BORISJUK N, LAM E. Telling duckweed apart: Genotyping technologies for the lemnaceae [J]. 应用与环境生物学报, 2013, 1: 1-10.

[27] ADHIKARI U, HARRIGAN T, REINHOLD D M. Use of duckweed-based constructed wetlands for nutrient recovery and pollutant reduction from dairy wastewater [J]. Ecol. Eng., 2015, 78: 6-14.

[28] ALAERTS G J, MAHBUBAR R, KELDERMAN P. Performance analysis of a full-scale duckweed-covered sewage lagoon [J]. Water Res., 1996, 30 (4): 843-852.

[29] 种云霄, 胡洪营, 钱易. pH 及无机氮化合物对小浮萍生长的影响 [J]. 环境科学, 2003, 24 (4): 35-40.

［30］ ZHAO Y, FANG Y, JIN Y, et al. Potential of duckweed in the conversion of wastewater nutrients to valuable biomass: A pilot-scale comparison with water hyacinth ［J］. Bioresource Technol. , 2014, 163: 82-91.

［31］ CULLEY D D, REJMÁNKOVÁ E, KVĚT J. , et al. Production, chemical quality and use of duckweeds (Lemnaceae) in Aquaculture, waste management, and animal feeds ［J］. Journal of the World Mariculture Society, 1981, 12 (2): 27-49.

［32］ CAICEDO J R, VAN DER STEEN N P, ARCE O, et al. Effect of total ammonia nitrogen concentration and pH on growth rates of duckweed (Spirodela polyrrhiza) ［J］. Water Res. , 2000, 34 (15): 3829-3835.

［33］ 蔡树美, 刘文桃, 张震, 等. 不同品种浮萍磷素吸收动力学特征 ［J］. 生态与农村环境学报, 2011, 27 (2): 48-52.

［34］ 黄辉, 赵浩, 饶群, 等. 浮萍与水花生净化 N、P 污染性能比较 ［J］. 环境科学与技术, 2007, 30 (4): 16-18.

［35］ RAN N, AGAMI M, ORON G. A pilot study of constructed wetlands using duckweed (Lemna gibba L.) for treatment of domestic primary effluent in Israel ［J］. Water Res. , 2004, 38 (9): 2241-2248.

［36］ CHENG J J, STOMP A M. Growing Duckweed to Recover Nutrients from Wastewaters and for Production of Fuel Ethanol and Animal Feed ［J］. Clean-Soil Air Water, 2009, 37 (1): 17-26.

［37］ CHENG J, BERGMANN B A, CLASSEN J J, et al. Nutrient recovery from swine lagoon water by Spirodela punctata ［J］. Bioresource Technol. , 2002, 81 (1): 81-85.

［38］ 张浩, 方扬, 靳艳玲, 等. 耐高氨氮浮萍的筛选及优势品种的生长特性 ［J］. 应用与环境生物学报, 2014, 1: 63-68.

［39］ 时文歆, 赵丽晖, 李冠洋, 等. 生态塘中17α-块雌醇的去除途径与机制 ［J］. 哈尔滨工业大学学报, 2010, 8: 1269-1273.

［40］ 李新波, 蔡发国, 邓岳松. 浮萍饲用价值研究进展 ［J］. 饲料研究, 2011, 8 (10): 3-6.

［41］ SUPPADIT T, JATURASITHA S, SUNTHORN N, et al. Dietary Wolffia arrhiza meal as a substitute for soybean meal: Its effects on the productive performance and egg quality of laying Japanese quails ［J］. Trop. Anim. Health Pro. , 2012, 44 (7): 1479-1486.

［42］ ISLAM K S. Feasibility of duckweed as poultry feed—A review ［J］. Indian J. Anim. Sci. , 2002, 72 (6): 486-491.

［43］ 孔春林, 陈宇. 开发浮萍作饲料 ［J］. 广东饲料, 2006, 15 (1): 40-41.

［44］ MOYO S, DALU J M, NDAMBA J. The microbiological safety of duckweed fed chickens: A risk assessment of using duckweed reared on domestic wastewater as a protein source in broiler chickens [J]. Phys. Chem. Earth, 2003, 28 (20): 1125-1129.

[45] HAUSTEIN A T, GILMAN R H, SKILLICORN P W, et al. Performance of broiler chickens fed diets containing duckweed (Lemna gibba) [J]. J. Agr. Sci. , 1994, 122: 285-289.

[46] 陈晓虹. 浮萍作鱼饲料 [J]. 世界发明, 2002, 5 (2): 36-37.

[47] BAIRAGI A, SARKAR G K, SEN SK, et al. Duckweed (Lemna polyrhiza) leaf meal as a source of feedstuff in formulated diets for rohu (Labeo rohita Ham.) fingerlings after fermentation with a fish intestinal bacterium [J]. Bioresource Technol. , 2002, 85 (1): 17-24.

[48] 凌云, 鲍燕燕, 吴奇, 等. 三种浮萍利尿作用比较 [J]. 中药材, 1998, 10: 526-528.

[49] GULCIN I, KIRECCI E, AKKEMIK E, et al. Antioxidant, antibacterial, and anticandidal activities of an aquatic plant: Duckweed (Lemna minor L. Lemnaceae) [J]. Turk. J. Biol. , 2010, 34 (2): 175-188.

[50] OLSZEWSKA M A, GUDEJ J. Quality evaluation of golden saxifrage (Chrysosplenium alternifolium L.) through simultaneous determination of four bioactive flavonoids by high-performance liquid chromatography with PDA detection [J]. J. Pharm. Biomed. Anal. , 2009, 50 (5): 771-777.

[51] WANG B, PENG L, ZHU L, et al. Protective effect of total flavonoids from Spirodela polyrrhiza (L.) Schleid on human umbilical vein endothelial cell damage induced by hydrogen peroxide [J]. Colloids Surf. B. Biointerfaces, 2007, 60 (1): 36-40.

[52] QIAO X, HE W, XIANG C, et al. Qualitative and Quantitative Analyses of Flavonoids in Spirodela polyrrhiza by High-performance Liquid Chromatography Coupled with Mass Spectrometry [J]. Phytochem. Analysis, 2011, 22 (6): 475-483.

[53] STOMP A M. The duckweeds: A valuable plant for biomanufacturing [J]. Biotechnol. Ann. Rev. , 2005, 11: 69-99.

[54] GASDASKA J R, SPENCER D, DICKEY L. Advantages of therapeutic protein production in the aquatic plant Lemna [J]. Bioprocess J. , 2003, 2: 49-56.

[55] COX K M, STERLING J D, REGAN J T, et al. Glycan optimization of a human monoclonal antibody in the aquatic plant Lemna minor [J]. Nat. Biotechnol. , 2006, 24 (12): 1591-1597.

[56] VUNSH R, LI J H, HANANIA U, et al. High expression of transgene protein in Spirodela [J]. Plant Cell Rep. , 2007, 26 (9): 1511-1519.

[57] WANG W. Literature review on duckweed toxicity testing [J]. Environ. Res. , 1990, 52 (1): 7-22.

［58］RADIĆ S, STIPANIČEV D, CVJETKO P, et al. Duckweed Lemna minor as a tool for testing toxicity and genotoxicity of surface waters ［J］. Ecotox. Environ. Safe. , 2011, 74 （2）: 182-187.

［59］NASU Y, KUGIMOTO M. Lemna （duckweed） as an indicator of water pollution. I. The sensitivity of Lemna paucicostata to heavy metals ［J］. Arch Environ. Contam. Toxicol. , 1981, 10 （2）: 159-169.

［60］TEISSEIRE H, VERNET G. Ascorbate and glutathione contents in duckweed, Lemna minor, as biomarkers of the stress generated by copper, folpet and diuron ［J］. Biomarkers, 2000, 5 （4）: 263-273.

［61］姚宏, 王辉, 苏佳亮, 等. 某饮用水处理厂中5种抗生素的去除 ［J］. 环境工程学报, 2013, 7 （3）: 801-809.

［62］杨常青, 王龙星, 侯晓虹, 等. 大辽河水系河水中16种抗生素的污染水平分析 ［J］. 色谱, 2012, 30 （8）: 756-762.

［63］梁惜梅, 施震, 黄小平. 珠江口典型水产养殖区抗生素的污染特征 ［J］. 生态环境学报, 2013, 7 （34）: 304-310.

［64］SINGH K P, RAI P, SINGH A K, et al. Occurrence of pharmaceuticals in urban wastewater of north Indian cities and risk assessment ［J］. Environ. Monit. Assess. , 2014, 186 （10）: 6663-6682.

［65］CASCONE A, FORNI C, MIGLIORE L. Flumequine uptake and the aquatic duckweed, Lemna minor L ［J］. Water Air and Soil Poll. , 2004, 156 （4）: 241-249.

［66］MISHRA V K, TRIPATHI B D. Concurrent removal and accumulation of heavy metals by the three aquatic macrophytes ［J］. Bioresource Technol. , 2008, 99 （15）: 7091-7097.

［67］王强. 漂浮植物浮萍对 Pb^{2+}, Cu^{2+}, Mn^{2+} 的吸附特征的研究 ［D］. 济南: 山东大学, 2007.

［68］韦星任. 浮萍在几种重金属污染水环境植物修复中的应用潜力 ［D］. 南宁: 广西大学, 2010.

［69］MIRETZKY P, SARALEGUI A, FERNÁNDEZ C A. Simultaneous heavy metal removal mechanism by dead macrophytes ［J］. Chemosphere, 2006, 62 （2）: 247-254.

［70］陈兰钗. 浮萍 （Lemna aequinoctialis） 干粉对 Pb^{2+} 的吸附 ［J］. 应用与环境生物学报, 2013, 19 （6）: 1046-1052.

［71］METZGER J O, BORNSCHEUER U. Lipids as renewable resources: Current state of chemical and biotechnological conversion and diversification ［J］. Appl. Microbiol. Biot. , 2006, 71 （1）: 13-22.

［72］ZHENG S, JIANG W, CAI Y, et al. Adsorption and photocatalytic degradation of aromatic organoarsenic compounds in TiO$_2$ suspension [J]. Catalysis Today, 2014, 224: 83-88.

[73] WILLKE T, VORLOP K D. Industrial bioconversion of renewable resources as an alternative to conventional chemistry [J]. Appl. Microbiol. Biot., 2004, 66 (2): 131-142.

[74] OVODOVA R G, GOLOVCHENKO V V, SHASHKOV A S, et al. Structural studies and physiological activity of lemnan, a pectin from Lemna minor L [J]. Bioorganicheskaya Khimiya, 2000, 26 (10): 743-751.

[75] ZHAO X, ELLISTON A, COLLINS A, et al. Enzymatic saccharification of duckweed (Lemna minor) biomass without thermophysical pretreatment [J]. Biomass Bioenerg., 2012, 47: 354-361.

[76] XIU S N, SHAHBAZI A, CROONENBERGHS J, et al. Oil Production from Duckweed by Thermochemical Liquefaction [J]. Energ. Source. Part A., 2010, 32 (14): 1293-1300.

[77] GE X M, ZHANG N N, PHILLIPS G C, et al. Growing Lemna minor in agricultural wastewater and converting the duckweed biomass to ethanol [J]. Bioresource Technol., 2012, 124: 485-488.

[78] 李新波, 靳艳玲, 郜晓峰, 等. 少根紫萍 (Landoltia punctata) 高比例燃料丁醇发酵方法研究 [J]. 中国酿造, 2012, 31 (8): 85-88.

[79] SU H F, ZHAO Y, JIANG J, et al. Use of Duckweed (Landoltia punctata) as a Fermentation Substrate for the Production of Higher Alcohols as Biofuels [J]. Energ. Fuels, 2014, 28 (5): 3206-3216.

[80] BONOMO L, PASTORELLI G, ZAMBON N. Advantages and limitations of duckweed-based wastewater treatment systems [J]. Water Sci. Technol., 1997, 35 (5): 239-246.

[81] CLARK P B, HILLMAN P F. Enhancement of Anaerobic Digestion Using Duckweed (Lemna minor) Enriched with Iron [J]. Water Environ. J., 1996, 10 (2): 92-95.

[82] TRISCARI S, REINHOLD D. Anaerobic digestion of dairy manure combined with duckweed (Lemnaceae) [J]. In 2009 ASABE Annual International Meeting, Reno, Nevada, USA, 2009: 095765.

[83] 黄卫东, 张东旭, 夏维东. 推流式反应器厌氧消化浮萍和猪粪混合物 [J]. 环境工程学报, 2013, 1: 323-328.

[84] XIU S, CROONENBERGHS J, WANG L. Thermochemical Liquefaction of Duckweed to Biofuel [J]. ASABE Meeting, 2008, Providence, Rhode Island, June 29-July 2.

[85] MURADOV N, FIDALGO B, GUJAR A C. Pyrolysis of fast-growing aquatic biomass -Lemna minor (duckweed): Characterization of pyrolysis products [J]. Bioresour Technol, 2010, 101 (21): 8424-8428.

[86] CAMPANELLA A, MUNCRIEF R, HAROLD M P, et al. Thermolysis of microalgae and

duckweed in a CO (2) -swept fixed-bed reactor: Bio-oil yield and compositional effects [J].
Bioresour. Technol. , 2012, 109: 154-162.

[87] XIU S N, SHAHBAZI A, CROONENBERGHS J, et al. Oil Production from Duckweed by
Thermochemical Liquefaction [J]. Energ. Source. Part A. , 2010, 32 (14): 1293-1300.

[88] BALIBAN R C, ELIA J A, FLOUDAS C A, et al. Thermochemical Conversion of Duckweed
Biomass to Gasoline, Diesel, and Jet Fuel: Process Synthesis and Global Optimization [J].
Ind. Eng. Chem. Res. , 2013, 52 (33): 11436-11450.

[89] 段培高, 许玉平. 水热法处理浮萍生物质制取生物油 [J]. 化工进展, 2012 (S1): 522.

[90] DUAN P G, XU Y P, BAI X J. Upgrading of Crude Duckweed Bio-Oil in Subcritical Water
[J]. Energ. Fuels, 2013, 27 (8): 4729-4738.

[91] WANG W, HABERER G, GUNDLACH H, et al. The Spirodela polyrhiza genome reveals
insights into its neotenous reduction fast growth and aquatic lifestyle [J]. Nat. Commun. ,
2014, 5: 3311.

[92] GEIGENBERGER P. Regulation of Starch Biosynthesis in Response to a Fluctuating
Environment [J]. Plant Physiol. , 2011, 155 (4): 1566-1577.

[93] AZIZ A K, MOBINA N. Growth and morphology of Spirodela polyrhiza and S Punctata as
affected by some environmental factors [J]. Bangladesh J. Bot. , 1999, 28 (2): 133-138.

[94] WEDGE R M, BURRIS J E. Effects of light and temperature on duckweed photosynthesis [J].
Aquat. Bot. , 1982, 13: 133-140.

[95] MUNEER S, KIM E J, PARK J S, et al. Influence of Green, Red and Blue Light Emitting
Diodes on Multiprotein Complex Proteins and Photosynthetic Activity under Different Light
Intensities in Lettuce Leaves (Lactuca sativa L.) [J]. Int. J. Mol. Sci. , 2014, 15 (3):
4657-4670.

[96] 李宏文, 史绮, 曹阳, 等. 紫外光对几种水生植物过氧化氢酶 (CAT) 活性的影响 [J].
环境科学, 1993, 4: 74-77.

[97] 罗定泽, 赵佐成. 短日照对浮萍植物中过氧化物酶和硝酸还原酶活性的影响 [J]. 水生
生物学报, 1994, 2: 128-135.

[98] NAKASHIMA H. On the rhythm of sensitivity to light interruption in a long-day duckweed,
Lemna gibba G3 [J]. Plant Cell Physiol. , 1968, 9 (2): 247-257.

[99] CUI W, CHENG J J, STOMP A M. Growing duckweed for bioethanol production [J]. 2010
ASABE Annual Meeting Paper, 2010: 88.

[100] STEEN P, BRENNER A, ORON G. An integrated duckweed and algae pond system for
nitrogen removal and renovation [J]. Water Sci. Technol. , 1998, 38 (1): 335-343.

[101] CUI J X, CHENG J J, STOMP M. Starch accumulation in duckweed for bioethanol production

[J]. Biol. Eng. Trans. , 2011, 3 (4): 187-197.

[102] LANDOLT E. Biosystematics investigation in the family of duckweeds (lemnacea) [M]. The family of the Lemnacea: A monographic study, 1987.

[103] LASFAR S, MONETTE F, MILLETTE L, et al. Intrinsic growth rate: A new approach to evaluate the effects of temperature, photoperiod and phosphorus – nitrogen concentrations on duckweed growth under controlled eutrophication [J]. Water Res. , 2007, 41 (11): 2333-2340.

[104] BITCOVER E H, SIELING D H. Effect of various factors on the utilization of nitrogen and iron by Spirodela polyrhiza (L.) schleid [J]. Plant Physiol. , 1951, 26 (2): 290-303.

[105] JAYASHREE M, AROCKIASAMAY D. Efficiency of Spirodela polyrhiza (L.) Schleiden in absorbing and utilizing different forms of nitrogen [J]. J. Environ. Biol. , 1996, 17 (3): 227-233.

[106] 沈根祥, 姚芳, 胡宏, 等. 浮萍吸收不同形态氮的动力学特性研究 [J]. 土壤通报, 2006, 37 (3): 505-508.

[107] MANDI L. Marrakesh Wastewater Purification Experiment Using Vascular Aquatic Plants Eichhornia Crassipes and Lemna Gibba [J]. Water Sci. Technol. , 1994, 29 (4): 283-287.

[108] FREDERIC M, SAMIR L, LOUISE M, et al. Comprehensive modeling of mat density effect on duckweed (Lemna minor) growth under controlled eutrophication [J]. Water Res. , 2006, 40 (15): 2901-2910.

[109] ANH T H, PRESTON T R. Effect of management practices and fertilization with biodigester effluent on biomass yield and composition of duckweed [J]. Lives. Res. Rural Dev. , 1997, 9 (1): 46-51.

[110] JONG J, VELDSTRA H. Investigations on Cytokinins. I. Effect of 6-Benzylaminopurine on Growth and Starch Content of Lemna minor [J]. Physiol. Plantarum, 1971, 24 (2): 235-238.

[111] LIU Q, ZHU Y, TAO H, et al. Damage of PS II during senescence of Spirodela polyrrhiza explants under long-day conditions and its prevention by 6-benzyladenine [J]. J. Plant Res. , 2006, 119 (2): 145-152.

[112] ZHU Y R, TAO H L, LV X Y, et al. High level of endogenous l-serine initiates senescence in Spirodela polyrrhiza [J]. Plant Sci. , 2004, 166 (5): 1159-1166.

[113] MCCOMBS P J, RALPH R K. Protein, nucleic acid and starch metabolism in the duckweed, Spirodela oligorrhiza, treated with cytokinins [J]. Biochem. J. , 1972, 129 (2): 403-417.

[114] MCLAREN J. The effect of abscisic acid on growth, photosynthetic rate and carbohydrate metabolism in Lemna minor L [J]. New Phytol. , 1976, 76 (1): 11-21.

［115］ JAMES M G, DENYER K, MYERS A M. Starch synthesis in the cereal endosperm ［J］. Curr. Opin. Plant Biol. , 2003, 6 (3): 215-222.

［116］ ZHU X G, WANG Y U, ORT D R, et al. E-photosynthesis: A comprehensive dynamic mechanistic model of C3 photosynthesis: from light capture to sucrose synthesis ［J］. Plant Cell Environ. , 2013, 36 (9): 1711-1727.

［117］ 张边江, 陈全战, 焦德茂. 构建 C4 水稻——一场新绿色革命的挑战 ［J］. 科技导报 (ISTIC PKU), 2008, 26: 96-98.

［118］ 李圆圆, 张慧, 朱新广. C4 水稻, 我们的新挑战 (英文) ［J］. 植物生理学报, 2011, 12: 1127-1136.

［119］ RANDALOW H. A high growth strategy for ethanol ［J］. J. Environ. Sci. , 2006, 20 (2): 55-60.

［120］ GOLDEMBERG J. Ethanol for a sustainable energy future ［J］. Science, 2007, 315 (5813): 808-810.

［121］ QUINTERO J, MONTOYA M, SÁNCHEZ O, et al. Fuel ethanol production from sugarcane and corn: Comparative analysis for a Colombian case ［J］. Energy, 2008, 33 (3): 385-399.

［122］ SIMMONS B A, LOQUE D, BLANCH H W. Next-generation biomass feedstocks for biofuel production ［J］. Genome Biol. , 2008, 9 (12): 242.

［123］ WESSELER J. Opportunities ('costs) matter: A comment on Pimentel and Patzek "Ethanol production using corn, switchgrass, and wood; biodiesel production using soybean and sunflower" ［J］. Energ. Policy, 2007, 35 (2): 1414-1416.

［124］ SANCHEZ O J, CARDONA C A. Trends in biotechnological production of fuel ethanol from different feedstocks ［J］. Bioresource Technol. , 2008, 99 (13): 5270-5295.

［125］ SEARCHINGER T, HEIMLICH R, HOUGHTON R A, et al. Use of US croplands for biofuels increases greenhouse gases through emissions from land-use change ［J］. Science, 2008, 319 (5867): 1238-1240.

［126］ SARKAR N, GHOSH S K, BANNERJEE S, et al. Bioethanol production from agricultural wastes: An overview ［J］. Renew. Energ. , 2012, 37 (1): 19-27.

［127］ CHENG J J, STOMP A M. Growing Duckweed to Recover Nutrients from Wastewaters and for Production of Fuel Ethanol and Animal Feed ［J］. Clean Soil Air Water, 2009, 37 (1): 17-26.

［128］ XU J L, CUI W H, CHENG J J, et al. Production of high-starch duckweed and its conversion to bioethanol ［J］. Biosyst. Eng. , 2011, 110 (2): 67-72.

［129］ LANDOLT E, KANDELER R. Biosystematic investigations in the family of duckweeds (Lemnaceae) (vol. 4) ［M］. The family of Lemnaceae-a monographic study, Veroff

Geobot. inst. eth, 1987.

［130］ XU J L, SHEN G X. Growing duckweed in swine wastewater for nutrient recovery and biomass production ［J］. Bioresource Technol. , 2011, 102 （2）: 848-853.

［131］ ORON G. Duckweed culture for wastewater renovation and biomass production ［J］. Agr. Water Manage. , 1994, 26 （1）: 27-40.

［132］ CHEN Q, JIN Y L, ZHANG G H, et al. Improving Production of Bioethanol from Duckweed （Landoltia punctata） by Pectinase Pretreatment ［J］. Energies, 2012, 5 （8）: 3019-3032.

［133］ DUAN P, XU Y, BAI X. Upgrading of Crude Duckweed Bio-Oil in Subcritical Water ［J］. Energ. Fuels, 2013, 27 （8）: 4729-4738.

［134］ LI X, JIN Y, GAO X, et al. Fermentation method of high ratios of biobutanol with Landoltia punctata ［J］. China Brewing, 2012, 31: 85-88.

［135］ LAM E, APPENROTH K J, MICHAEL T, et al. Duckweed in bloom: the 2nd International Conference on Duckweed Research and Applications heralds the return of a plant model for plant biology ［J］. Plant Mol. Biol. , 2014, 84 （6）: 737-742.

［136］ GE X, ZHANG N, PHILLIPS G C, et al. Growing Lemna minor in agricultural wastewater and converting the duckweed biomass to ethanol ［J］. Bioresource Technol. , 2012, 124: 485-488.

［137］ BERGMANN B A, CHENG J, CLASSEN J, et al. In vitro selection of duckweed geographical isolates for potential use in swine lagoon effluent renovation ［J］. Bioresource Technol. , 2000, 73 （1）: 13-20.

［138］ ZHANG L A, CHEN Q A, JIN YL, et al. Energy-saving direct ethanol production from viscosity reduction mash of sweet potato at very high gravity （VHG） ［J］. Fuel Process. Technol. , 2010, 91 （12）: 1845-1850.

［139］ HAMMOND W, BURTON K S. Leaf starch metabolism during the growth of pepper （Capsicum annuum） plants ［J］. Plant Physiol. , 1983, 73 （1）: 61-65.

［140］ NAKAMURA Y, YUKI K, PARK S Y, et al. Carbohydrate metabolism in the developing endosperm of rice grains ［J］. Plant Cell Physiol. , 1989, 30 （6）: 833-839.

［141］ QIAO X, HE W, XIANG C, et al. Qualitative and Quantitative Analyses of Flavonoids in Spirodela polyrrhiza by High-performance Liquid Chromatography Coupled with Mass Spectrometry ［J］. Phytochem. Analysis, 2011, 22 （6）: 475-483.

［142］ WANG N N, XU G B, FANG Y, et al. New Flavanol and Cycloartane Glucosides from Landoltia Punctata ［J］. Molecules, 2014, 19 （5）: 6623-6634.

［143］ ZHAO H, APPENROTH K, LANDESMAN L, et al. Lam E: Duckweed rising at Chengdu: Summary of the 1st International Conference on Duckweed Application and Research ［M］.

In. : Springer, 2012.

[144] APPENROTH K J, SREE K S, FAKHOORIAN T. Lam E: Resurgence of duckweed research and applications: report from the 3rd International Duckweed Conference [M]. In. : Springer, 2015.

[145] 崔姜伟, 崔卫华, 郝春博. 浮萍在环境保护领域的应用研究进展 [J]. 环境工程, 2015 (s1): 306-309.

[146] HILLMAN W S, CULLEY D D. The uses of duckweed: The rapid growth, nutritional value, and high biomass productivity of these floating plants suggest their use in water treatment, as feed crops, and in energy-efficient farming [J]. Am. Sci., 1978, 66 (4): 442-451.

[147] WANG W, HABERER G, GUNDLACH H, et al. The Spirodela polyrhiza genome reveals insights into its neotenous reduction fast growth and aquatic lifestyle [J]. Nat. Commun., 2014, 5: 3311.

[148] XIAO Y, FANG Y, JIN Y, et al. Culturing duckweed in the field for starch accumulation [J]. Ind. Crop. Prod., 2013, 48: 183-190.

[149] TAO X, FANG Y, XIAO Y, et al. Comparative transcriptome analysis to investigate the high starch accumulation of duckweed (Landoltia punctata) under nutrient starvation [J]. Biotechnol. biofuels, 2013, 6 (1): 72.

[150] LIU Y, FANG Y, HUANG M, et al. Uniconazole-induced starch accumulation in the bioenergy crop duckweed (Landoltia punctata) I: Transcriptome analysis of the effects of uniconazole on chlorophyll and endogenous hormone biosynthesis [J]. Biotechnol. biofuels, 2015, 8 (1): 57.

[151] HUANG M, FANG Y, LIU Y, et al. Using proteomic analysis to investigate uniconazole-induced phytohormone variation and starch accumulation in duckweed (Landoltia punctata) [J]. BMC biotechnol., 2015, 15 (1): 81.

[152] SU H, ZHAO Y, JIANG J, et al. Use of duckweed (Landoltia punctata) as a fermentation substrate for the production of higher alcohols as biofuels [J]. Energ. Fuels, 2014, 28 (5): 3206-3216.

[153] PARRA G, BRADNAM K, KORF I. CEGMA: A pipeline to accurately annotate core genes in eukaryotic genomes [J]. Bioinformatics, 2007, 23 (9): 1061-1067.

[154] SIMÃO F, WATERHOUSE R, IOANNIDIS P, et al. BUSCO: Assessing genome assembly and annotation completeness with single-copy orthologs [J]. Bioinformatics, 2015, 31 (19): 3210-3212.

[155] ALBERT V A, BARBAZUK W B, DER J P, et al. The Amborella genome and the evolution

of flowering plants [J]. Science, 2013, 342 (6165): 1241089.

[156] MING R, VANBUREN R, WAI C M, et al. The pineapple genome and the evolution of CAM photosynthesis [J]. Nat. genet. , 2015, 47 (12): 1435-1442.

[157] VANBUREN R, BRYANT D, EDGER P P, et al. Single-molecule sequencing of the desiccation-tolerant grass oropetium thomaeum [J]. Nature, 2015, 527 (7579): 508-511.

[158] MICHAEL T P, BRYANT D, GUTIERREZ R, et al. Comprehensive definition of genome features in Spirodela polyrhiza by high-depth physical mapping and short-read DNA sequencing strategies [J]. The Plant J. , 2017, 89 (3): 617-635.

[159] GRIGORIEV I V. The compact Selaginella genome identifies changes in gene content associated with the evolution of vascular plants [M]. Lawrence Berkeley National Laboratory, 2011.

[160] ZHANG G, LIU X, QUAN Z, et al. Genome sequence of foxtail millet (Setaria italica) provides insights into grass evolution and biofuel potential [J]. Nat. Biotechnol. , 2012, 30 (6): 549-554.

[161] HONT A, DENOEUD F, AURY J M, et al. The banana (Musa acuminata) genome and the evolution of monocotyledonous plants [J]. Nature, 2012, 488 (7410): 213-217.

[162] WANG L, YU S, TONG C, et al. Genome sequencing of the high oil crop sesame provides insight into oil biosynthesis [J]. Genome Biol. , 2014, 15 (2): R39.

[163] PENG Z, LU Y, LI L, et al. The draft genome of the fast-growing non-timber forest species moso bamboo (Phyllostachys heterocycla) [J]. Nat. Genet. , 2013, 45 (4): 456-461.

[164] NYSTEDT B, STREET N R, WETTERBOM A, et al. The Norway spruce genome sequence and conifer genome evolution [J]. Nature, 2013, 497 (7451): 579-584.

[165] MING R, VANBUREN R, LIU Y, et al. Genome of the long-living sacred lotus (Nelumbo nucifera Gaertn.) [J]. Genome Biol. , 2013, 14 (5): R41.

[166] SINGH R, ONG-ABDULLAH M, LOW E L, et al. Oil palm genome sequence reveals divergence of interfertile species in old and new worlds [J]. Nature, 2013, 500 (7462): 335-339.

[167] KIM S, PARK M, YEOM S I, et al. Genome sequence of the hot pepper provides insights into the evolution of pungency in capsicum species [J]. Nat. Genet. , 2014, 46 (3): 270-278.

[168] DOHM J C, MINOCHE A E, HOLTGRÄWE D, et al. The genome of the recently domesticated crop plant sugar beet (Beta vulgaris) [J]. Nature, 2014, 505 (7484): 546-549.

[169] MYBURG A A, GRATTAPAGLIA D, TUSKAN G A, et al. The genome of Eucalyptus grandis [J]. Nature, 2014, 510 (7505): 356-362.

[170] DENOEUD F, CARRETERO-PAULET L, DEREEPER A, et al. The coffee genome provides insight into the convergent evolution of caffeine biosynthesis [J]. Science, 2014, 345 (6201): 1181-1184.

[171] CAI J, LIU X, VANNESTE K, et al. The genome sequence of the orchid phalaenopsis equestris [J]. Nat. Genet. , 2015, 47 (1): 65-72.

[172] ZENG X, LONG H, WANG Z, et al. The draft genome of Tibetan hulless barley reveals adaptive patterns to the high stressful Tibetan Plateau [J]. P. Nat. A. Sci. , 2015, 112 (4): 1095-1100.

[173] YE N, ZHANG X, MIAO M, et al. Saccharina genomes provide novel insight into kelp biology [J]. Nat. Commun. , 2015, 6: 6986.

[174] YANG K, TIAN Z, CHEN C, et al. Genome sequencing of adzuki bean (Vigna angularis) provides insight into high starch and low fat accumulation and domestication [J]. P. Nat. A. Sci. , 2015, 112 (43): 13213-13218.

[175] VAN A, HOREMANS N, MONSIEURS P, et al. The first draft genome of the aquatic model plant Lemna minor opens the route for future stress physiology research and biotechnological applications [J]. Biotechnol. Biofuels, 2015, 8 (1): 188.

[176] OLSEN J L, ROUZÉ P, VERHELST B, et al. The genome of the seagrass Zostera marina reveals angiosperm adaptation to the sea [J]. Nature, 2016, 530 (7590): 331-335.

[177] SCHMUTZ J, MCCLEAN P E, MAMIDI S, et al. A reference genome for common bean and genome-wide analysis of dual domestications [J]. Nat. Genet. , 2014, 46 (7): 707-713.

[178] XU H, SONG J, LUO H, et al. Analysis of the genome sequence of the medicinal plant Salvia miltiorrhiza [J]. Mol. Plant, 2016, 9 (6): 949-952.

[179] TANG C, YANG M, FANG Y, et al. The rubber tree genome reveals new insights into rubber production and species adaptation [J]. Nat. Plants, 2016, 2: 16073.

[180] MIYAKAWA M O, MIKHEYEV A S. QTL mapping of sex determination loci supports an ancient pathway in ants and honey bees [J]. PLoS Genet. , 2015, 11 (11): e1005656.

[181] MCKENNA D D, SCULLY E D, PAUCHET Y, et al. Genome of the Asian longhorned beetle (Anoplophora glabripennis), a globally significant invasive species, reveals key functional and evolutionary innovations at the beetle-plant interface [J]. Genome Biol. , 2016, 17 (1): 227.

[182] DRITSOU V, TOPALIS P, WINDBICHLER N, et al. A draft genome sequence of an invasive mosquito: An Italian Aedes albopictus [J]. Pathog. Glob. Health, 2015, 109 (5): 207-220.

[183] THEISSINGER K, FALCKENHAYN C, BLANDE D, et al. De Novo assembly and annotation

of the freshwater crayfish Astacus astacus transcriptome [J]. Mar. Genom. , 2016, 28: 7-10.

[184] LOVE R R, WEISENFELD N I, JAFFE D B, et al. Evaluation of DISCOVAR de novo using a mosquito sample for cost-effective short-read genome assembly [J]. BMC Genomics, 2016, 17 (1): 187.

[185] TANG N, SAN CLEMENTE H, ROY S, et al. A survey of the gene repertoire of Gigaspora rosea unravels conserved features among Glomeromycota for obligate biotrophy [J]. Front. Microbiol. , 2016, 7: 233.

[186] CUNNINGHAM C B, JI L, WIBERG R, et al. The genome and methylome of a beetle with complex social behavior, Nicrophorus vespilloides (Coleoptera: Silphidae) [J]. Genome Biol. Evol. , 2015, 7 (12): 3383-3396.

[187] BEMM F, BECKER D, LARISCH C, et al. Venus flytrap carnivorous lifestyle builds on herbivore defense strategies [J]. Genome Res. , 2016, 26 (6): 812-825.

[188] CLARKE T H, GARB J E, HAYASHI C Y, et al. Spider transcriptomes identify ancient large-scale gene duplication event potentially important in silk gland evolution [J]. Genome Biol. Evol. , 2015, 7 (7): 1856-1870.

[189] RISPE C, LEGEAI F, PAPURA D, et al. De novo transcriptome assembly of the grapevine phylloxera allows identification of genes differentially expressed between leaf-and root-feeding forms [J]. BMC Genomics, 2016, 17 (1): 219.

[190] WANG W, HABERER G, GUNDLACH H, et al. The Spirodela polyrhiza genome reveals insights into its neotenous reduction fast growth and aquatic lifestyle [J]. Nat. Commun. , 2014, 5: 3311.

[191] VAN A, HOREMANS N, MONSIEURS P, et al. The first draft genome of the aquatic model plant Lemna minor opens the route for future stress physiology research and biotechnological applications [J]. Biotechnol. Biofuels, 2015, 8 (1): 188.

[192] MICHAEL T P, BRYANT D, GUTIERREZ R, et al. Comprehensive definition of genome features in Spirodela polyrhiza by high-depth physical mapping and short-read DNA sequencing strategies [J]. The Plant J. , 2017, 89 (3): 617-635.

[193] LAM E T, HASTIE A, LIN C, et al. Genome mapping on nanochannel arrays for structural variation analysis and sequence assembly [J]. Nat. Biotechnol. , 2012, 30 (8): 771-776.

[194] WANG W, KERSTETTER R A, MICHAEL T P. Evolution of genome size in duckweeds (Lemnaceae) [J]. J. Bot. , 2011, 570: 319.

[195] KIE S M, WAN R, SATO K, et al. Adaptive seeds tame genomic sequence comparison [J]. Genome Res. , 2011, 21 (3): 487-493.

[196] TANG H, ZHANG X, MIAO C, et al. ALLMAPS: Robust scaffold ordering based on multiple

maps [J]. Genome Biol. , 2015, 16 (1): 3.

[197] KRZYWINSKI M, SCHEIN J, BIROL I, et al. Circos: An information aesthetic for comparative genomics [J]. Genome Res. , 2009, 19 (9): 1639-1645.

[198] GE L, WANG P, MOU H. Study on saccharification techniques of seaweed wastes for the transformation of ethanol [J]. Renew. Energ. , 2011, 36 (1): 84-89.

[199] CRUTZEN P J, MOSIER A R, SMITH K A, et al. N_2O release from agro-biofuel production negates global warming reduction by replacing fossil fuels [J]. Atmos. Chem. Phys. , 2008, 8 (2): 389-395.

[200] SATHISH A, SIMS R C. Biodiesel from mixed culture algae via a wet lipid extraction procedure [J]. Bioresource Technol. , 2012, 118: 643-647.

[201] GE X, ZHANG N, PHILLIPS G C, et al. Growing Lemna minor in agricultural wastewater and converting the duckweed biomass to ethanol [J]. Bioresource Technol. , 2012, 124: 485-488.

[202] SULTANA N, CHOWDHURY S A, HUQUE K S, et al. Manure based duckweed production in shallow sink: Effect of nutrient loading frequency on the production performance of Lemna purpusilla [J]. Asian Austral. J. Anim. , 2000, 13 (7): 1010-1016.

[203] FREDERIC M, SAMIR L, LOUISE M, et al. Comprehensive modeling of mat density effect on duckweed (Lemna minor) growth under controlled eutrophication [J]. Water Res. , 2006, 40 (15): 2901-2910.

[204] LASFAR S, MONETTE F, MILLETTE L, et al. Intrinsic growth rate: A new approach to evaluate the effects of temperature, photoperiod and phosphorus-nitrogen concentrations on duckweed growth under controlled eutrophication [J]. Water Res. , 2007, 41 (11): 2333-2340.

[205] WEDGE R M, BURRIS J E. Effects of Light and Temperature on Duckweed Photosynthesis [J]. Aquat. Bot. , 1982, 13 (2): 133-140.

[206] MESTAYER C R, CULLEY D D, STANDIFER L C, et al. Solar-Energy Conversion Efficiency and Growth Aspects of the Duckweed, Spirodela-Punctata (Gfw Mey) Thompson [J]. Aquat. Bot. , 1984, 19 (2): 157-170.

[207] CHENG J J, STOMP A M. Growing Duckweed to Recover Nutrients from Wastewaters and for Production of Fuel Ethanol and Animal Feed [J]. Clean-Soil Air Water, 2009, 37 (1): 17-26.

[208] CHEN Q, JIN Y L, ZHANG G H, et al. Improving Production of Bioethanol from Duckweed (Landoltia punctata) by Pectinase Pretreatment [J]. Energies, 2012, 5 (8): 3019-3032.

[209] LI X, JIN Y, GAO X, et al. Fermentation method of high ratios of biobutanol with Landoltia

punctata [J]. China Brewing, 2012, 31: 85-88.

[210] XU J L, CUI W H, CHENG J J, et al. Production of high-starch duckweed and its conversion to bioethanol [J]. Biosyst. Eng. , 2011, 110 (2): 67-72.

[211] XIAO Y, FANG Y, JIN Y, et al. Culturing duckweed in the field for starch accumulation [J]. Ind. Crop. Prod. , 2013, 48: 183-190.

[212] TAO X, FANG Y, XIAO Y, et al. Comparative transcriptome analysis to investigate the high starch accumulation of duckweed (Landoltia punctata) under nutrient starvation [J]. Biotechnol. Biofuels, 2013, 6 (1): 72.

[213] BOARETTO L F, MAZZAFERA P. The proteomes of feedstocks used for the production of second-generation ethanol: A lacuna in the biofuel era [J]. Ann. Appl. Biol. , 2013, 163 (1): 12-22.

[214] NDIMBA B K, NDIMBA R J, JOHNSON T S, et al. Biofuels as a sustainable energy source: An update of the applications of proteomics in bioenergy crops and algae [J]. J. Proteomics, 2013, 93: 234-244.

[215] LIU H, WANG C P, KOMATSU S, et al. Proteomic analysis of the seed development in Jatropha curcas: From carbon flux to the lipid accumulation [J]. J. Proteomics, 2013, 91: 23-40.

[216] FORD K L, CASSIN A, BACIC A. Quantitative proteomic analysis of wheat cultivars with differing drought stress tolerance [J]. Front. Plant Sci. , 2011, 2: 44.

[217] KANEHISA M, ARAKI M, GOTO S, et al. KEGG for linking genomes to life and the environment [J]. Nucleic Acids Res. , 2008, 36: 480-484.

[218] LIU J, CHEN L, WANG J, et al. Proteomic analysis reveals resistance mechanism against biofuel hexane in Synechocystis sp. PCC 6803 [J]. Biotechnol. Biofuels, 2012, 5 (1): 68-85.

[219] NING K, NESVIZHSKII A I. The utility of mass spectrometry-based proteomic data for validation of novel alternative splice forms reconstructed from RNA-Seq data: A preliminary assessment [J]. BMC Bioinformatics, 2010, 11: 14-20.

[220] WANG H, ZHANG H, WONG Y H, et al. Rapid transcriptome and proteome profiling of a non-model marine invertebrate, Bugula neritina [J]. Proteomics, 2010, 10 (16): 2972-2981.

[221] ZENG J, LIU Y, LIU W, et al. Integration of transcriptome, proteome and metabolism data reveals the alkaloids biosynthesis in Macleaya cordata and Macleaya microcarpa [J]. PLoS One, 2013, 8 (1): e53409.

[222] HUANG S Q, CHEN L, TE R G, et al. Complementary iTRAQ proteomics and RNA-seq

transcriptomics reveal multiple levels of regulation in response to nitrogen starvation in Synechocystis sp PCC 6803 [J]. Mol. Biosyst. , 2013, 9 (10): 2565-2574.

[223] HANNAH L C, SHAW J R, GIROUX M J, et al. Maize genes encoding the small subunit of ADP-glucose pyrophosphorylase [J]. Plant Physiol. , 2001, 127 (1): 173-183.

[224] SU Y N, YAN Y N, WEN L I, et al. Effect of High Temperature during Grain Filling on Starch Accumulation, Starch Granule Distribution, and Activities of Related Enzymes in Wheat Grains [J]. Acta Agron. Sin. , 2008, 34 (6): 1092-1096.

[225] ZHAO H, DAI T, JIANG D, et al. Effects of high temperature on key enzymes involved in starch and protein formation in grains of two wheat cultivars [J]. J. Agron. Crop Sci. , 2008, 194 (1): 47-54.

[226] TREUTTER D. Significance of flavonoids in plant resistance: A review [J]. Environ. Chem. Lett. , 2006, 4 (3): 147-157.

[227] ZOU Y J, WANG H X, NG T B, et al. Purification and Characterization of a Novel Laccase from the Edible Mushroom Hericium Coralloides [J]. J. Microbiol. , 2012, 50 (1): 72-78.

[228] GOLDEMBERG J. Ethanol for a sustainable energy future [J]. Science, 2007, 315 (5813): 808-810.

[229] 徐欣, 陈如凯. 我国甘蔗燃料乙醇生产潜力与发展策略 [J]. 林业经济, 2009 (3): 55-58.

[230] QUINTERO J, MONTOYA M, SÁNCHEZ O, et al. Fuel ethanol production from sugarcane and corn: Comparative analysis for a Colombian case [J]. Energy, 2008, 33 (3): 385-399.

[231] PAPONG S, MALAKUL P. Life-cycle energy and environmental analysis of bioethanol production from cassava in Thailand [J]. Bioresource Technol. , 2010, 101: 112-118.

[232] ZHANG L A, CHEN Q A, JIN Y L, et al. Energy-saving direct ethanol production from viscosity reduction mash of sweet potato at very high gravity (VHG) [J]. Fuel Process. Technol. , 2010, 91 (12): 1845-1850.

[233] SIMMONS B A, LOQUE D, BLANCH H W. Next-generation biomass feedstocks for biofuel production [J]. Genome Biol. , 2008, 9 (12): 242.

[234] PORATH D, HEPHER B, KOTON A. Duckweed as an aquatic crop: Evaluation of clones for aquaculture adherence [J]. Aquat. Bot. , 1979, 7 (3): 273-278.

[235] GE X, ZHANG N, PHILLIPS G C, et al. Growing Lemna minor in agricultural wastewater and converting the duckweed biomass to ethanol [J]. Bioresource Technol. , 2012, 124 (0): 485-488.

[236] XIAO Y, FANG Y, JIN Y, et al. Culturing duckweed in the field for starch accumulation [J]. Ind. Crop. Prod. , 2013, 48: 183-190.

[237] CHEN Q, JIN Y L, ZHANG G H, et al. Improving Production of Bioethanol from Duckweed (Landoltia punctata) by Pectinase Pretreatment [J]. Energies, 2012, 5 (8): 3019-3032.

[238] XU J L, CUI W H, CHENG J J, et al. Production of high-starch duckweed and its conversion to bioethanol [J]. Biosyst. Eng. , 2011, 110 (2): 67-72.

[239] STOMP A M. The duckweeds: A valuable plant for biomanufacturing [J]. Biotechnol. Ann. Rev. , 2005, 11: 69-99.

[240] SU H F, ZHAO Y, JIANG J, et al. Use of Duckweed (Landoltia punctata) as a Fermentation Substrate for the Production of Higher Alcohols as Biofuels [J]. Energ. Fuels, 2014, 28 (5): 3206-3216.

[241] BAYRAKCI A G, KOCAR G. Second-generation bioethanol production from water hyacinth and duckweed in Izmir: A case study [J]. Renew. Sust. Energ. Rev. , 2014, 30: 306-316.

[242] MURADOV N, TAHA M, MIRANDA A F, et al. Dual application of duckweed and azolla plants for wastewater treatment and renewable fuels and petrochemicals production [J]. Biotechnol. Biofuels, 2014, 7 (1): 30.

[243] CHENG J J, STOMP A M. Growing Duckweed to Recover Nutrients from Wastewaters and for Production of Fuel Ethanol and Animal Feed [J]. Clean-Soil Air Water, 2009, 37 (1): 17-26.

[244] ORON G. Duckweed culture for wastewater renovation and biomass production [J]. Agr. Water Manage. , 1994, 26 (1): 27-40.

[245] ZHAO Y, FANG Y, JIN Y, et al. Potential of duckweed in the conversion of wastewater nutrients to valuable biomass: A pilot-scale comparison with water hyacinth [J]. Bioresource Technol. , 2014, 163: 82-91.

[246] REID M, BIELESKI R. Response of Spirodela oligorrhiza to phosphorus deficiency [J]. Plant Physiol. , 1970, 46 (4): 609-613.

[247] DAVIS T D, CURRY E A, STEFFENS G L. Chemical regulation of vegetative growth [J]. Criti. Rev. Plant Sci. , 1991, 10 (2): 151-188.

[248] JALEEL C A, KISHOREKUMAR A, MANIVANNAN P, et al. Alterations in carbohydrate metabolism and enhancement in tuber production in white yam (Dioscorea rotundata Poir.) under triadimefon and hexaconazole applications [J]. Plant Growth Regul. , 2007, 53 (1): 7-16.

[249] ZHANG M C, DUAN L S, TIAN X L, et al. Uniconazole-induced tolerance of soybean to water deficit stress in relation to changes in photosynthesis, hormones and antioxidant system [J]. J. Plant Physiol. , 2007, 164 (6): 709-717.

[250] 宫占元, 项洪涛, 李梅, 等. 植物生长调节剂对马铃薯还原糖及淀粉含量的影响 (英

文）[J]. Agr. Sci. Technol. , 2010（Z1）: 74-78.

[251] MASUDA J, OZAKI Y, OKUBO H. Regulation in Rhizome Transition to Storage Organ in Lotus（Nelumbo nucifera Gaertn.）with Exogenous Gibberellin, Gibberellin Biosynthesis Inhibitors or Abscisic Acid [J]. J. Japan. Soc. Hortic. Sci. , 2012, 81（1）: 67-71.

[252] HUANG M, FANG Y, XIAO Y, et al. Proteomic analysis to investigate the high starch accumulation of duckweed（Landoltia punctata）under nutrient starvation [J]. Ind. Crop. Prod. , 2014, 59: 299-308.

[253] WANG H X, ALVAREZ S, HICKS L M. Comprehensive Comparison of iTRAQ and Label-free LC-Based Quantitative Proteomics Approaches Using Two Chlamydomonas Reinhardtii Strains of Interest for Biofuels Engineering [J]. J. Proteome Res. , 2012, 11（1）: 487-501.

[254] HOAGLAND D R, ARNON D I. The water-culture method for growing plants without soil. circular [M]. 2nd edit. California Agricultural Experiment Station, 1950: 347.

[255] LIU H, WANG C P, KOMATSU S, et al. Proteomic analysis of the seed development in Jatropha curcas: From carbon flux to the lipid accumulation [J]. J. Proteomics, 2013, 91: 23-40.

[256] NING K, NESVIZHSKII A I. The utility of mass spectrometry-based proteomic data for validation of novel alternative splice forms reconstructed from RNA-Seq data: A preliminary assessment [J]. BMC Bioinformatics, 2010, 11: 14-20.

[257] WANG H, ZHANG H, WONG Y H, et al. Rapid transcriptome and proteome profiling of a non-model marine invertebrate, Bugula neritina [J]. Proteomics, 2010, 10（16）: 2972-2981.

[258] TAO X, FANG Y, XIAO Y, et al. Comparative transcriptome analysis to investigate the high starch accumulation of duckweed（Landoltia punctata）under nutrient starvation [J]. Biotechnol. biofuels, 2013, 6（1）: 72.

[259] 刘涛, 王日葵. 水果成熟衰老与植物激素相关性研究进展 [J]. 农产品加工, 2010（5）: 30-33.

[260] 杨捷威, 吴婷婷, 郭美丽. 红花组织培养的研究进展 [J]. 药学服务与研究, 2012（1）: 58-62.

[261] WEYERS J B, PATERSON N W. Plant hormones and the control of physiological processes [J]. New Phytol. , 2001, 152（3）: 375-407.

[262] 张艳萍, 裴怀弟, 石有太, 等. 不同外源激素对彩色马铃薯试管薯诱导的影响 [J]. 种子, 2013: 21-23.

[263] 徐自尚, 王树勋, 肖炳麟, 等. 烯效唑的作用机理及应用效果 [J]. 安徽农业科学, 2000, 3: 339-341.

[264] IZUMI K, NAKAGAWA S, KOBAYASHI M, et al. Levels of Iaa, Cytokinins, Aba and Ethylene in Rice Plants as affected by a Gibberellin Biosynthesis Inhibitor, Uniconazole-P [J]. Plant Cell Physiol. , 1988, 29 (1): 97-104.

[265] LEUL M, ZHOU W J. Alleviation of waterlogging damage in winter rape by application of uniconazole—Effects on morphological characteristics, hormones and photosynthesis [J]. Field Crop. Res. , 1998, 59 (2): 121-127.

[266] LEFEBVRE V, NORTH H, FREY A, et al. Functional analysis of Arabidopsis NCED6 and NCED9 genes indicates that ABA synthesized in the endosperm is involved in the induction of seed dormancy [J]. Plant J. , 2006, 45 (3): 309-319.

[267] LEE K H, PIAO H L, KIM H Y, et al. Activation of glucosidase via stress-induced polymerization rapidly increases active pools of abscisic acid [J]. Cell, 2006, 126 (6): 1109-1120.

[268] SAITO S, OKAMOTO M, OKAMOTO M, et al. A plant growth retardant, uniconazole, is a potent inhibitor of ABA catabolism in Arabidopsis [J]. Biosci. Biotech. Bioch. , 2006, 70 (7): 1731-1739.

[269] YAN W, YANHONG Y, WENYU Y, et al. Responses of root growth and nitrogen transfer metabolism to uniconazole, a growth retardant, during the seedling stage of soybean under relay strip intercropping system [J]. Commun. Soil Sci. Plan. , 2013, 44 (22): 3267-3280.

[270] COWAN A K, RICHARDSON G R. Carotenogenic and abscisic acid biosynthesizing activity in a cell-free system [J] . Physiol. Plantarum, 1997, 99 (3): 371-378.

[271] HANNAH L C, SHAW J R, GIROUX M J, et al. Maize genes encoding the small subunit of ADP-glucose pyrophosphorylase [J]. Plant Physiol. , 2001, 127 (1): 173-183.

[272] SU Y N, YAN Y N, WEN L I, et al. Effect of High Temperature during Grain Filling on Starch Accumulation, Starch Granule Distribution, and Activities of Related Enzymes in Wheat Grains [J]. Acta Agron. Sin. , 2008, 34 (6): 1092-1096.

[273] ZHAO H, DAI T, JIANG D, et al. Effects of high temperature on key enzymes involved in starch and protein formation in grains of two wheat cultivars [J]. J. Agron. Crop Sci. , 2008, 194 (1): 47-54.

[274] WANG W Q, MESSING J. Analysis of ADP-glucose pyrophosphorylase expression during turion formation induced by abscisic acid in Spirodela polyrhiza (greater duckweed) [J]. BMC Plant Biol. , 2012, 12: 5-19.

[275] HUBBARD K E, NISHIMURA N, HITOMI K, et al. Early abscisic acid signal transduction mechanisms: Newly discovered components and newly emerging questions [J]. Gene. Dev. , 2010, 24 (16): 1695-1708.

[276] PARK S Y, FUNG P, NISHIMURA N, et al. Abscisic Acid Inhibits Type 2C Protein Phosphatases via the PYR/PYL Family of START Proteins [J]. Science, 2009, 324 (5930): 1068-1071.

[277] AKIHIRO T, MIZUNO K, FUJIMURA T. Gene expression of ADP-glucose pyrophosphorylase and starch contents in rice cultured cells are cooperatively regulated by sucrose and ABA [J]. Plant Cell Physiol. , 2005, 46 (6): 937-946.

[278] GOLDEMBERG J. Ethanol for a sustainable energy future [J]. Science, 2007, 315 (5813): 808-810.

[279] QUINTERO J, MONTOYA M, SÁNCHEZ O, et al. Fuel ethanol production from sugarcane and corn: Comparative analysis for a Colombian case [J]. Energy, 2008, 33 (3): 385-399.

[280] PAPONG S, MALAKUL P. Life-cycle energy and environmental analysis of bioethanol production from cassava in Thailand [J]. Bioresource Technol. , 2010, 101: S112-S118.

[281] ZHANG L A, CHEN Q A, JIN Y L, et al. Energy-saving direct ethanol production from viscosity reduction mash of sweet potato at very high gravity (VHG) [J]. Fuel Process. Technol. , 2010, 91 (12): 1845-1850.

[282] SIMMONS B A, LOQUE D, BLANCH H W. Next-generation biomass feedstocks for biofuel production [J]. Genome Biol. , 2008, 9 (12): 242.

[283] PORATH D, HEPHER B, KOTON A. Duckweed as an aquatic crop: Evaluation of clones for aquaculture adherence [J]. Aquat. Bot. , 1979, 7 (3): 273-278.

[284] GE X, ZHANG N, PHILLIPS G C, et al. Growing Lemna minor in agricultural wastewater and converting the duckweed biomass to ethanol [J]. Bioresource Technol. , 2012, 124: 485-488.

[285] XIAO Y, FANG Y, JIN Y, et al. Culturing duckweed in the field for starch accumulation [J]. Ind. Crop. Prod. , 2013, 48: 183-190.

[286] CHEN Q, JIN Y L, ZHANG G H, et al. Improving Production of Bioethanol from Duckweed (Landoltia punctata) by Pectinase Pretreatment [J]. Energies, 2012, 5 (8): 3019-3032.

[287] XU J L, CUI W H, CHENG J J, et al. Production of high-starch duckweed and its conversion to bioethanol [J]. Biosyst. Eng. , 2011, 110 (2): 67-72.

[288] STOMP A M. The duckweeds: A valuable plant for biomanufacturing [J]. Biotechnol. Ann. Rev. , 2005, 11: 69-99.

[289] SU H F, ZHAO Y, JIANG J, et al. Use of Duckweed (Landoltia punctata) as a Fermentation Substrate for the Production of Higher Alcohols as Biofuels [J]. Energ. Fuels, 2014, 28 (5): 3206-3216.

[290] BAYRAKCI A G, KOCAR G. Second-generation bioethanol production from water hyacinth and duckweed in Izmir: A case study [J]. Renew. Sust. Energ. Rev. , 2014, 30: 306-316.

[291] MURADOV N, TAHA M, MIRANDA A F, et al. Dual application of duckweed and azolla plants for wastewater treatment and renewable fuels and petrochemicals production [J]. Biotechnol. Biofuels, 2014, 7 (1): 30.

[292] CHENG J J, STOMP A M. Growing Duckweed to Recover Nutrients from Wastewaters and for Production of Fuel Ethanol and Animal Feed [J]. Clean-Soil Air Water, 2009, 37 (1): 17-26.

[293] ORON G. Duckweed culture for wastewater renovation and biomass production [J]. Agr. Water Manage. , 1994, 26 (1): 27-40.

[294] 谢天艳, 何开泽, 赵海, 等. 4 种浮萍提取物的抗菌活性和黄酮含量 [J]. 应用与环境生物学报, 2014, 20 (2): 238-244.

[295] 王红, 蒋征, 刘杰, 等. HPLC 法同时测定 15 个产地浮萍中 4 种黄酮类成分 [J]. 中成药, 2016, 38 (7): 1569-1573.

[296] LI L, STOECKERT C J, ROOS D S. OrthoMCL: Identification of ortholog groups for eukaryotic genomes [J]. Genome Res. , 2003, 13 (9): 2178-2189.

[297] ZEEMAN S C, KOSSMANN J, SMITH A M. Starch: Its metabolism, evolution, and biotechnological modification in plants [J]. Ann. Rev. Plant Biol. , 2010, 61: 209-234.

[298] STITT M, ZEEMAN S C. Starch turnover: Pathways, regulation and role in growth [J]. Curr. Opin. Plant Biol. , 2012, 15 (3): 282-292.

[299] STREB S, ZEEMAN S C. Starch metabolism in Arabidopsis [M]. The Arabidopsis Book, 2012, 10: e0160.

[300] SMITH A M, ZEEMAN S C, SMITH S M. Starch degradation [J]. Annu. Rev. Plant Biol. , 2005, 56: 73-98.

[301] BAHAJI A, LI J, SÁNCHEZ-LÓPEZ Á M, et al. Starch biosynthesis, its regulation and biotechnological approaches to improve crop yields [J]. Biotechnol. Adv. , 2014, 32 (1): 87-106.

[302] KEELING P L, MYERS A M. Biochemistry and genetics of starch synthesis [J]. Annu. Rev. Food Sci. T. , 2010, 1: 271-303.

[303] 乔小燕, 马春雷, 陈亮. 植物类黄酮生物合成途径及重要基因的调控 [J]. 天然产物研究与开发, 2009, 21 (2): 354-360.

[304] 郭欣慰, 黄丛林, 吴忠义, 等. 植物类黄酮生物合成的分子调控 [J]. 北方园艺, 2011 (4): 204-207.

[305] WINKEL-SHIRLEY B. Flavonoid biosynthesis: A colorful model for genetics, biochemistry, cell biology, and biotechnology [J]. Plant Physiol. , 2001, 126 (2): 485-493.

[306] GHOLAMI A, DE GEYTER N, POLLIER J, et al. Natural product biosynthesis in Medicago

species [J]. Nat. Prod. Rep., 2014, 31 (3): 356-380.

[307] MAEDA H, DUDAREVA N. The shikimate pathway and aromatic amino acid biosynthesis in plants [J]. Annu. Rev. Plant Biol., 2012, 63: 73-105.

[308] 魏建华, 宋艳茹. 木质素生物合成途径及调控的研究进展 [J]. 植物学报 (英文版), 2001, 43 (8): 771-779.

[309] 陈永忠, 谭晓风, David, 等. 木质素生物合成及其基因调控研究综述 [J]. 江西农业大学学报, 2003, 25 (4): 613-617.

[310] 章霄云, 郭安平, 贺立卡, 等. 木质素生物合成及其基因调控的研究进展 [J]. 分子植物育种, 2006, 4 (3): 431-437.

[311] 李潞滨, 刘蕾, 何聪芬, 等. 木质素生物合成关键酶基因的研究进展 [J]. 分子植物育种, 2007, 5 (s1): 45-51.

[312] 石海燕, 张玉星. 木质素生物合成途径中关键酶基因的分子特征 [J]. 中国农学通报, 2011, 27 (5): 288-291.

[313] BONAWITZ N D, CHAPPLE C. The genetics of lignin biosynthesis: Connecting genotype to phenotype [J]. Annu. Rev. Genet., 2010, 44: 337-363.

[314] KUMAR M, CAMPBELL L, TURNER S. Secondary cell walls: Biosynthesis and manipulation [J]. J. Exp. Bot., 2016, 67 (2): 515-531.

[315] WANG W, HABERER G, GUNDLACH H, et al. The Spirodela polyrhiza genome reveals insights into its neotenous reduction fast growth and aquatic lifestyle [J]. Nat. Commun., 2014, 5: 3311.

[316] MICHAEL T P, BRYANT D, GUTIERREZ R, et al. Comprehensive definition of genome features in Spirodela polyrhiza by high-depth physical mapping and short-read DNA sequencing strategies [J]. The Plant J., 2017, 89 (3): 617-635.

[317] VAN A, HOREMANS N, MONSIEURS P, et al. The first draft genome of the aquatic model plant Lemna minor opens the route for future stress physiology research and biotechnological applications [J]. Biotechnol. Biofuels, 2015, 8 (1): 188.

[318] 杨向东. 木质素合成调控及其与甘蓝型油菜抗菌核病和抗倒伏性关系研究 [D]. 北京: 中国农业科学院, 2006.

[319] 于明革, 杨洪强, 翟衡. 植物木质素及其生理学功能 [J]. 山东农业大学学报 (自然科学版), 2003, 34 (1): 124-128.

[320] 李虹, 梁鸣, 杨轶华. 木质素与植物抗逆相关性的研究进展 [J]. 黑龙江科学, 2012, 3 (8): 58-61.

[321] 邹凤莲, 寿森炎, 叶纨芝, 等. 类黄酮化合物在植物胁迫反应中作用的研究进展 [J]. 中国细胞生物学学报, 2004, 26 (1): 39-44.

［322］李明, 李洋, 徐晓楠, 等. 芦丁提高植物对病害抗性机制的初步研究 ［C］//中国植物病理学会 2012 年学术年会论文集, 2012.

［323］SCHWECHHEIMER C, ZOURELIDOU M, BEVAN M. Plant transcription factor studies ［J］. Annu. Rev. Plant Biol. , 1998, 49 (1): 127-150.

［324］SINGH K B, FOLEY R C, OÑATE-SÁNCHEZ L. Transcription factors in plant defense and stress responses ［J］. Curr. Opin. Plant Biol. , 2002, 5 (5): 430-436.

［325］SCHMID M, DAVISON T S, HENZ S R, et al. A gene expression map of Arabidopsis thaliana development ［J］. Nat. Genet. , 2005, 37 (5): 501-506.

［326］ALVES M S, DADALTO S P, GONALVES A B, et al. Plant bZIP transcription factors responsive to pathogens: A review ［J］. Int. J. Mol. Sci. , 2013, 14 (4): 7815-7828.

［327］EULGEM T, SOMSSICH I E. Networks of WRKY transcription factors in defense signaling ［J］. Curr. Opin. Plant Biol. , 2007, 10 (4): 366-371.

［328］GRAMZOW L, THEISSEN G. A hitchhiker's guide to the MADS world of plants ［J］. Genome Biol. , 2010, 11 (6): 214.

［329］GUTTERSON N, REUBER T L. Regulation of disease resistance pathways by AP2/ERF transcription factors ［J］. Curr. Opin. Plant Biol. , 2004, 7 (4): 465-471.

［330］KIM Y S, KIM S G, PARK J E, et al. A membrane-bound NAC transcription factor regulates cell division in Arabidopsis ［J］. The Plant Cell, 2006, 18 (11): 3132-3144.

［331］NAKASHIMA K, TAKASAKI H, MIZOI J, et al. NAC transcription factors in plant abiotic stress responses ［J］. BBA-Gene Regul. Mech. , 2012, 1819 (2): 97-103.

［332］PÉREZRODRÍGUEZ P, CORRÊA L G, RENSING S A, et al. PlnTFDB: updated content and new features of the plant transcription factor database ［J］. Nucleic. Acids Res. , 2010, 38 (Database issue): 822-827.

［333］DAVULURI R V, SUN H, PALANISWAMY S K, et al. AGRIS: Arabidopsis gene regulatory information server, an information resource of Arabidopsis cis-regulatory elements and transcription factors ［J］. BMC bioinformatics, 2003, 4 (1): 25.

［334］DAI X, SINHAROY S, UDVARDI M, et al. PlantTFcat: An online plant transcription factor and transcriptional regulator categorization and analysis tool ［J］. BMC Bioinformatics, 2013, 14 (1): 321.

［335］JIN J, TIAN F, YANG D C, et al. Toward a central hub for transcription factors and regulatory interactions in plants ［J］. Nucleic. Acids Res. , 2017, 45 (D1): 1040-1045.

［336］WANG W, HABERER G, GUNDLACH H, et al. The Spirodela polyrhiza genome reveals insights into its neotenous reduction fast growth and aquatic lifestyle ［J］. Nat. Commun. ,

2014, 5: 3311.

[337] VAN A, HOREMANS N, MONSIEURS P, et al. The first draft genome of the aquatic model plant Lemna minor opens the route for future stress physiology research and biotechnological applications [J]. Biotechnol. Biofuels, 2015, 8 (1): 188.

[338] MICHAEL T P, BRYANT D, GUTIERREZ R, et al. Comprehensive definition of genome features in Spirodela polyrhiza by high-depth physical mapping and short-read DNA sequencing strategies [J]. The Plant J., 2017, 89 (3): 617-635.

[339] AKHTAR T A, LAMPI M A, GREENBERG B M. Identification of six differentially expressed genes in response to copper exposure in the aquatic plant Lemna gibba (duckweed) [J]. Environm. Toxicol. Chem., 2005, 24 (7): 1705-1715.

[340] WANG W, WU Y, MESSING J. RNA-Seq transcriptome analysis of Spirodela dormancy without reproduction [J]. BMC genomics, 2014, 15 (1): 60.

[341] 丁彦强, 方扬. 基于叶绿体基因组的浮萍亚科系统进化研究 [J]. 应用与环境生物学报, 2017, 2: 1-11.

[342] KAUFMANN K, MELZER R, THEIβEN G. MIKC-type MADS-domain proteins: Structural modularity, protein interactions and network evolution in land plants [J]. Gene, 2005, 347 (2): 183-198.

[343] ZIK M, IRISH V F. Flower development: Initiation, differentiation, and diversification [J]. Annu. Rev. Cell Dev. Bi., 2003, 19 (1): 119-140.

[344] 赵夏云, 鲜登宇, 宋明, 等. MIKC型MADS-box蛋白对开花调控作用研究进展 [J]. 生物技术通报, 2014, 7: 8-15.

[345] PURANIK S, SAHU P P, SRIVASTAVA P S, et al. NAC proteins: Regulation and role in stress tolerance [J]. Trends Plant Sci., 2012, 17 (6): 369-381.

[346] GRANT E H, FUJINO T, BEERS E P, et al. Characterization of NAC domain transcription factors implicated in control of vascular cell differentiation in Arabidopsis and Populus [J]. Planta, 2010, 232 (2): 337-352.

[347] KO J H, YANG S H, PARK A H, et al. ANAC012, a member of the plant-specific NAC transcription factor family, negatively regulates xylary fiber development in Arabidopsis thaliana [J]. The Plant J., 2007, 50 (6): 1035-1048.

[348] MITSUDA N, IWASE A, YAMAMOTO H, et al. NAC transcription factors, NST1 and NST3, are key regulators of the formation of secondary walls in woody tissues of Arabidopsis [J]. The Plant Cell, 2007, 19 (1): 270-280.

[349] ZHONG R, LEE C, YE Z H. Global analysis of direct targets of secondary wall NAC master switches in Arabidopsis [J]. Mol. Plant, 2010, 3 (6): 1087-1103.

［350］BONAWITZ N D, CHAPPLE C. The genetics of lignin biosynthesis: Connecting genotype to phenotype ［J］. Annu. Rev. Genet. , 2010, 44: 337-363.

［351］曹红利, 岳川, 王新超, 等. bZIP 转录因子与植物抗逆性研究进展 ［J］. 南方农业学报, 2012, 43 (8): 1094-1100.

［352］SAKUMA Y, LIU Q, DUBOUZET J G, et al. DNA-binding specificity of the ERF/AP2 domain of Arabidopsis DREBs, transcription factors involved in dehydration-and cold-inducible gene expression ［J］. Biochem. Bioph. Res. Co. , 2002, 290 (3): 998-1009.

［353］DUBOS C, STRACKE R, GROTEWOLD E, et al. MYB transcription factors in Arabidopsis ［J］. Trends Plant Sci. , 2010, 15 (10): 573-581.

［354］HERBETTE S, TACONNAT L, HUGOUVIEUX V, et al. Genome-wide transcriptome profiling of the early cadmium response of Arabidopsis roots and shoots ［J］. Biochimie, 2006, 88 (11): 1751-1765.

［355］WEBER M, TRAMPCZYNSKA A, CLEMENS S. Comparative transcriptome analysis of toxic metal responses in Arabidopsis thaliana and the Cd^{2+}-hypertolerant facultative metallophyte Arabidopsis halleri ［J］. Plant Cell Environ. , 2006, 29 (5): 950-963.